이런 수학은 처음이야 3

이런 수학은 처음이야 ③

최영기(서울대 수학교육과 교수) 지음

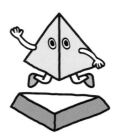

읽다 보면 저절로 눈앞에 펼쳐지는 '공간'과 '도형' 이야기

21세기북스

이토록 본질을 꿰뚫는 수학이라니!

『이런 수학은 처음이야』1권, 2권 그리고 3권을 쓰는 동안 내내 머릿속에 맴돌았던 생각은 '어떻게 하면 학생들이 학교에서 배우는 수학이 가치가 있다는 것을 느끼고, 흥미를 갖고 공부하게 할 수 있을까? 수학과 관련된 좋은 책을 읽었을 때 느끼는 흥미롭고 의미 있다는 감정을 어떻게 하면 학교 수학 시간, 교실에까지 연장하여 배우고 있는 내용을 가치 있다고 느끼게 할 수 있을까?' 하는 것이었다. 학교에서 배우는 수학이 배울 만한 가치가 있고 심오한 의미도 있음을 깨닫기를 바라는 마음이었다.

　따라서 『이런 수학은 처음이야』시리즈는 학교에서 배우

는 교과서를 충실히 따라가면서 학생의 눈높이에 맞추어 개념들을 이야기하듯이 설명하였고, 각 주제들이 지닌 수학적 가치를 전달하고 나아가 수학적 안목을 기르는 데 도움을 주고자 노력했다. 이런 의도를 가지고 쓴 이 시리즈는 수학에 대한 참고서이지만 문제 풀이를 위한 참고서가 아니라, 흥미를 증진시키는 참고서인 것이다.

중학교에서 다루는 기하의 상당 부분이 기원전 그리스 시대에 연구되어, 이후 수천여 년 이상을 생존하여 오늘도 학생들이 배우고 있다.

지식에도 생명이 있어 수십 년, 수백 년을 생존하기도 지극히 어려운데, 그렇게 오랜 기간 생존해 지금도 쓰이고 배우는 지식이라면 그만큼 가치가 있고 의미가 깊은 것임에 틀림없다. 이렇게 살아남아 교과서에 실린 수학 지식은 단순히 딱딱한 숫자와 기호의 나열이 아니라 심오한 의미를 내포하고 있다. 이 지식을 진정으로 이해한다면 배우는 내용의 가치를 알 뿐 아니라 앎의 기쁨도 느끼게 될 것이다.

무엇이 수학을 이토록 의미 깊게 만들었을까?

흔히 자연 현상이나 사회 현상을 이해하기 위한 수단이나 도구로서의 필요성, 실생활에서의 필요성 등을 생각할 수 있는데 흔히들 놓치는 그 이상의 것이 있다. 필요에 따른 수학의 쓸모가 아닌 수학의 일반적인 쓸모, 본질을 추구하는 쓸모, 즉 이론적인 쓸모다. 이 이론적인 쓸모가 그리스인들이 수학을 심오하게 발전시킨 원동력이었다. 이론적으로 몰두함으로써 수학 자체의 본질을 이해하게 되고, 이를 통하여 수학에 대한 안목, 즉 수학을 통하여 세상을 깊게 보는 능력을 얻게 된다.

수학을 왜 배우는가? 물론 수학 성적의 향상은 대학 입시에 도움이 되므로 학생들에게는 중요한 요소일 것이다. 그러나 수학을 수학답게 배워서 수학에 대한 흥미와 가치를 잃지 않는 것이 장기적인 관점에서 매우 중요하다. 가속화되는 인공지능(AI)과 IT의 발전으로 이미 수학적인 안목이 매우 중요한 시대로 접어들었다.

수학의 진정한 가치를 조금이라도 느낀 학생은 수학을 공부하는 강하고 올바른 동기를 부여받기 때문에 창의적인 문제해결력이 커져 수학 실력도 향상된다. 궁극적으로는 창의적인 수학적 사고를 다른 분야로 전이시킬 수 있는 태도를 갖게 되어 미래사회가 요구하는 방향에 서 있게 된다.

이 책을 통하여 수학 능력의 향상뿐만 아니라 수학적 안목을 길러 다른 분야에 전이하는 능력도 향상되는 데 도움이 되기를 바란다. 또한 이 책을 통해 학생들이 수학적 흥미를 느끼고 그 흥미가 교실로 이어지기를 바란다.

전반적인 책의 내용과 형식을 구상하는 데 도움을 준 김선자 선생이 없었으면 『이런 수학은 처음이야』 시리즈는 나오지 못했을 것이다. 내 삶의 벗인 아내 김선자에게 감사를 전한다. 북이십일 강지은 님, 이지예 님을 비롯한 많은 분의 노고와 소중한 의견에 감사드린다. 그리고 부족함이 많지만 그럼에도 불구하고 『이런 수학은 처음이야』의 수많은 독자께서 보내주신 뜨거운 성원에 깊은 감사를 드린다.

2022년 7월
최영기

프롤로그
공간의 세계로 날아가보자!

다음 그림을 보면 닫힌 곡선 안에 점 A가 있어. 점 A에서 시작하여 주어진 곡선을 지나지 않고 점 B로 가는 연속된 선이 있을까? 아무리 머리를 쥐어짜도 가능하지 않은 이야기이니 불가능하다는 이야기가 나오겠지? 그런데 정말 불가능할까?

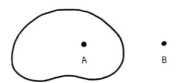

코끼리의 사슬에 관한 이야기를 들은 적이 있어? 사슬을 끊을 만한 힘이 있음에도 사슬에 메여 사는 서글픈 코끼리 이야기 말이야. 어렸을 때 한동안 코끼리의 뒷다리를 사슬로 묶어놓으면, 처음 얼마 동안은 사슬을 끊으려고 안간힘을 쓰지만 계속 실패하지. 그렇게 사슬을 끊을 수 없다는 경험을 계속하게 된 코끼리는 더 이상 사슬을 끊으려는 시도조차 하지 않은 채 살아가게 돼. 안주하면서 편안한 삶을 살아가는 것이라고 생각할 수도 있지만, 자신 안에 충분히 사슬을 끊을 힘이 있다는 것조차 깨닫지 못한 채 살아가는 불쌍한 코끼리가 되는 거지.

우리가 수학을 공부할 때도 마찬가지이야. 경험에 갇혀 이제까지의 사고의 틀에서 벗어나지 못하고 그 틀 안에서 문제를 해결하려고만 하면 우리의 생각은 자신이 얼마나 많은 일을 할 수 있는지도 모른 채 힘을 잃게 되고 문제의 해결점을 찾을 수 없게 돼.

다시 앞의 수학 이야기로 돌아가볼까? 기존의 평면 안에서 이 문제를 해결하려 한다면 당연히 해결책이 없어. 하지만 이 곡선이 평면이 아닌 공간의 세계에 있다고 생각을 전환하면 어떨까? 당연히 가능하다는 이야기가 자연스럽게 나올 수 있겠지?

뛰어넘는 방법. 건너뛰는 방법….

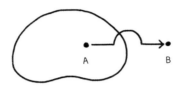

문제가 전혀 해결되지 않은 것처럼 보이는 것을 다른 시각으로, 다른 차원에서 바라보면 의외로 문제가 쉽게 해결되는 경우가 많아. 그건 수학뿐만이 아니야. 우리 일상에서도 그런 일이 많지.

자, 이제 평면에 갇힌 생각을 떠날 준비가 되었지? 평면의 세상에서 벗어나 많은 상상의 나래를 펼칠 수 있는 공간의 세계로 떠나보자!

1강   차원이 다른 도형들을 만나다!
다면체

2강   다면체의 진정한 크기는?
다면체의 겉넓이와 부피

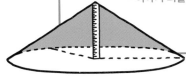

3강 이리 보아도 저리 보아도 멋져!
구

신비의 방
수학 머리가 쑥쑥 자라는 가장 수학적인 이야기

1강

차원이 다른 도형들을 만나다!

다면체

3차원 공간에서, 사면체와 각뿔이 인사를 건네다

공간에는 평면과 달리 '위-아래'라는 방향이 있어. 방향이 많다 보니 멋진 일도 많이 일어나고 평면이 가질 수 없는 좋은 점도 많지만, 어려워서 이해하기를 포기하는 사람도 많아. 너희들은 그러지 않으리라 믿어.

보통 직선은 1차원, 평면은 2차원, 공간은 3차원이라 부르지? 이때 사용하는 숫자 1, 2, 3은 방향의 개수를 이야기하는 거야.

1차원은 오른쪽-왼쪽, 한 직선상의 방향성이 있어.

2차원은 오른쪽-왼쪽, 앞쪽-뒤쪽, 두 방향성이 있는 것으로 평면상에서 이루어지는 일이지.

3차원은 오른쪽-왼쪽, 앞쪽-뒤쪽, 위쪽-아래쪽의 세 가지 방향성이 있는 것으로 공간을 말해. 우리 눈에 보이는 세계가 바로 이 3차원 공간의 세계지.

1차원　　　　　　2차원　　　　　　3차원

그리고 측정할 수 있는 고유의 영역이 차원마다 달라.

1. 1차원에서는 선분의 길이를 측정하고
2. 2차원에서는 선분의 길이와 닫혀 있는 도형의 넓이를
3. 3차원에서는 선분의 길이와 닫혀 있는 도형의 넓이와 부피를 측정하지.

이제 3차원의 세계, 공간의 세계로 들어가볼까?
옛날부터 3차원 공간에는 평면의 세계와 같이 처음부터 점, 선, 다각형 그리고 원이 있었어. 이러한 도형들이 돌아다니다가 한곳에 모여 서로 인사도 하고 만나기도 했어. 평

면에서 선분이 만나 삼각형, 사각형을 만들어 닫힌 도형을 만들었듯이 공간에서도 닫힌 도형을 만들 수 있는지 그들은 궁금해졌어. 그것을 알기 위해 공간에서 2개의 다각형, 3개의 다각형이 만나보았어. 그렇지만 그들은 닫힌 도형을 만들 수 없었어.

여러 번의 시도 끝에 그들은 안에 있는 공간과 밖에 있는 공간을 구분할 수 있는 공간상의 닫힌 도형이 되기 위해서는 최소한 4개의 삼각형이 서로 만나야 한다는 사실을 깨달았어. 바로 이렇게 말이야.

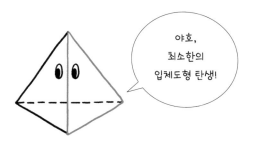

기분이 좋아진 도형들은 공간상의 이 도형 이름을 무엇이라고 할까 고민하다가 면이 4개가 만나 이루어진 도형이니 사면체라고 부르기로 했어.

평면에서 최소의 직선으로 둘러싸인 도형이 무엇이었는

지 기억해? 그건 삼각형이었지. 3차원 공간에서 최소의 평면으로 만든 둘러싸인 도형은 바로 이 사면체야. 삼각형이 평면에서 기본적인 도형이듯이 공간에서는 사면체가 기본 도형의 역할을 담당하고 있어.

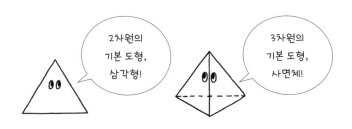

이를 본 여러 다른 종류(사각형, 오각형…)의 도형들도 창의적으로 이리저리 만남을 시도하다 보니 다양한 입체도형이 만들어졌어. 그들의 이름은 여러 개의 다각형의 면으로 둘러싸여 있다 해서 다면체라고 부르기로 했지.

다면체에서도 평면에서와 같이 꼭짓점이나 변이라고 이름 붙이기에 꼭 맞는 곳들이 있었어. 다면체를 둘러싸고 있는 다각형을 면이라고 하고, 면과 면이 만나는 선분을 모서리, 모서리와 모서리가 만나는 점을 꼭짓점이라고 하기로 했어. 정말 평면에서와 비슷하지?

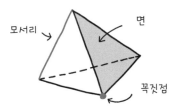

그리고 다면체의 부피를 구할 때 높이를 재는 방향과 수직을 이루는 면을 밑면이라고 부르기로 했지. 밑면이 아닌 면들은 옆면이라고 불러. 어떤 다면체는 평행하는 한 쌍의 밑면을 갖고 있기도 해.

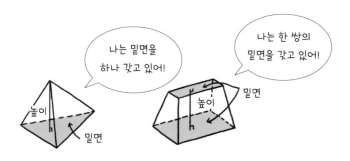

사면체에는 꼭짓점이 4개 있지. 그렇다면 4개의 꼭짓점을 이으면 반드시 사면체가 될까? 그렇지는 않아. 만약 같은 평면에 놓인 점 4개를 연결하면 그냥 사각형이 되는 거

잖아. 사면체가 되기 위해서는 꼭짓점 4개가 모두는 같은 평면에 있지 않다는 조건이 필요해.

꼭짓점 4개 중 하나가 같은 평면에 있지 않다는 걸 좀 더 자세히 설명해볼게. 점 3개를 연결하면 그 3점이 꼭짓점이 되는 삼각형이 생기고, 그 삼각형은 하나의 평면에 놓이게 돼. 그리고 나머지 한 점이 그 평면 밖에 있어 4개의 꼭짓점을 다 이을 때 공간에 존재하는 입체도형이 될 수 있는 거지.

다면체가 다각형의 면으로만 둘러싸여 있다면 둘러싸인 다각형이 삼각형뿐 아니라 사각형, 오각형, 육각형… 등도 있다는 것은 쉽게 상상할 수 있겠지?

다면체는 둘러싸인 면의 개수에 따라 사면체, 오면체, 육면체…로 부르기로 했어. 면의 개수로 이름이 정해지니 이름을 기억하기가 참 쉽지.

다면체 중에서 밑면이 다각형이고 옆면은 모두 삼각형들이 모인 것이 있었는데, 이것을 닫힌 형태로 모으면 뿔 모양처럼 생겨서 각뿔이라고 불러. 각뿔은 밑면의 모양에 따라 삼각뿔, 사각뿔, 오각뿔…이라고 부르지.

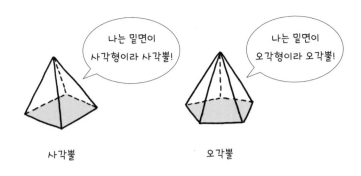

사각뿔

오각뿔

이집트에 있는 피라미드는 어떤 뿔 모양인지 말할 수 있 겠지? 그래 맞아, 피라미드의 밑면이 사각형이니까 피라미 드는 사각뿔이야. 우리 주변에 어떤 뿔이 있는지 찾아보는 것도 재미있을 것 같지 않아?

정다면체가 되려면?

삼각뿔 중에 특별한 사면체가 있는데, 그것은 모든 면이 같은(합동인) 정삼각형으로 이루어져 있었어. 뭔가 튼튼하고 안정감이 있어 보였지.

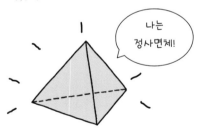

나는
정사면체!

육면체 중에서도 이와 비슷하게 모든 면이 같은(합동인) 정사각형으로 이루어진 것이 있어.

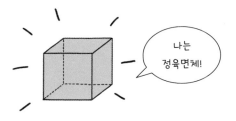

이 도형들은 모든 면이 같은(합동인) 정다각형으로 이루어진 다면체이기 때문에 평면에서와 마찬가지로 앞에 '정'이라는 말을 붙여서, 위의 첫 번째 도형은 정사면체, 두 번째 도형은 정육면체라고 부르게 되었어.

정삼각형들은 정사각형이 정사면체보다 면의 수도 많은 정육면체를 구성한 것을 보고 자기들도 어떻게 하면 면의 개수가 많은 정다면체를 만들 수 있을까 고민하다가 2개의 정사면체에서 밑면을 각각 빼고, 남은 것을 위아래로 붙여보았어. 그랬더니 정삼각형 6개가 모여 면이 6개인 입체도형이 만들어지는 거야. 흥분한 그들은 "우리도 합동인 면이 6개니 정사각형 6개가 모여 만든 정육면체처럼 우리도 정육면체야"라고 주장했지.

이제껏 자기만이 유일한 정육면체라고 생각하고 있던 기존의 정육면체는 '나 외에 정육면체가 또 있다고? 말도

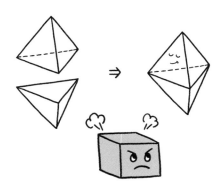

안 돼'라고 생각하면서도 뭐라 반박할 말이 생각나지 않았어. 정삼각형들이 모여 만든 정사면체이고 그 정사면체가 합쳐서 만든 입체도형도 면이 6개니까, 이제까지 모든 면이 같은(합동인) 정다각형으로 이루어진 다면체를 정다면체라고 말한다면 그들의 말이 틀리지 않은 거였거든. 당황했지만, 그리고 뭔지는 모르지만, 분명히 그들이 정다면체가 아니라는 확신을 갖고 있던 기존의 정육면체는 그저 고개만 갸우뚱하고 있었지.

정삼각형 6개가 모여 정육면체라 주장하는 도형을 정육면체가 유심히 살펴보았어. 그러다 뭔가를 발견한 정육면체는 손뼉을 치며 말했어.

"네가 정육면체라고 우기지만 너는 진짜인 우리 정육면

체, 그리고 정사면체와는 다른 점이 있어. 우리 정사면체와 정육면체는 각 꼭짓점에 모이는 면의 개수가 모두 같은데, 너는 어떤 꼭짓점에서는 3개의 면이 모이고, 다른 꼭짓점에서는 4개의 면이 모이잖아? 그러니 단순히 6개의 정삼각형이 모였다고 해서 너를 정육면체라고 인정하기는 곤란한 것 같은데?"라고 의기양양하게 말했어.

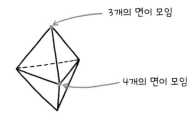

3개의 면이 모임

4개의 면이 모임

"자세히 보니 그러네. 너의 생각은 기발했지만 너를 정육면체라고 인정하기는 곤란한 것 같아"라며 다른 도형들도 정육면체의 생각에 동의했어.

이것을 계기로 입체도형들은 '어떤 것이 정다면체인지' 정의를 분명히 해야 한다고 생각했어. 사회가 발전하고 복잡해지면서 새로운 제도와 법이 생기듯이 도형들의 세계에서도 발전을 거듭하며 새로운 규칙들이 생겨야 할 필요성이 생긴 거지.

도형들은 정사면체, 정육면체와 같이 각 면이 모두 같은 (합동) 정다각형이라는 조건과 더불어, 각 꼭짓점에 모이는 면의 개수가 모두 같은 도형만을 정다면체라고 부르기로 합의했어. 만약 꼭짓점에 모이는 면의 개수가 모두 같다면 각 꼭짓점에 모이는 모서리의 개수도 당연히 모두 같겠지. 결국 정다면체는 각각의 꼭짓점, 모서리, 면에서 일어나는 상황이 같은 도형인 것이야.

이렇게 해서 밑면을 뺀 2개의 정사면체로 이루어진 육면체는 정육면체로 불리는 것을 포기할 수밖에 없었어. 입체도형들은 다른 도형들이 섣불리 정다면체라고 나서지 못하도록 정다면체에 대한 연구를 거듭했어. 정다면체의 꼭짓점이나 모서리, 면 중에서 한 곳을 정해두고 그것을 위로 던져보면서, 그들은 정다면체인지 아닌지 구분할 수 있는 또 하나의 방법이 있다는 것을 발견했어. 던진 것이 다시 땅에 떨어졌을 때 정해놓은 부분을 찾을 수 없다는 성질을 발견했지. 왜 찾을 수 없냐고? 당연히 그중 어떤 것도 다르지 않기 때문이지.

정삼각형들이 모여 정육면체로 인정받으려던 시도는,

이를 지켜보던 다른 입체도형들에게 신선한 도전으로 받아들여졌고, 그들도 뭔가 새로운 것을 시도하게 만들었지. 밑면이 정사각형, 옆면이 정삼각형인 정사각뿔도 똑같은 방법으로 밑면을 각각 빼고, 남은 것을 위아래로 그들처럼 붙여보았어. 그랬더니 같은 크기와 같은 모양, 즉 합동인 정삼각형 8개가 면인 도형이 만들어지고 각 꼭짓점에 정삼각형이 4개가 모인 정다면체가 만들어진 거야.

"야호!" 이렇게 정팔면체라고 당당히 불리는 도형이 만들어지게 되었지. 실패는 성공의 어머니라더니, 정삼각형의 시도가 정팔면체의 성공을 이끌어냈으니 정삼각형의 시도에 입체도형들은 모두 박수를 보냈어.

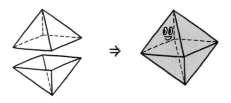

정오각형과 정육각형으로도 정다면체를 만들 수 있을까?

정삼각형과 정사각형으로 둘러싸인 정다면체가 만들어지니 이번에는 정오각형들도 '정오각형으로 둘러싸인 정다면체도 있지 않을까' 생각하기 시작했어.

다른 도형들도 공간 세계 발전에 도움이 된다고 생각했기에 정오각형, 정육각형…과 같은 것들로 둘러싸인 정다면체를 만들 수 있는 방법을 찾기 위해 서로 의견을 나누었어.

"입체도형인 우리 다면체들은 2개의 면만 가지고는 꼭짓점을 만들 수 없고, 적어도 3개의 면이 있어야 꼭짓점을 만들지. 그러면 한 꼭짓점에 모이는 면이 정삼각형일 때,

정삼각형의 한 각의 크기가 60°이니 3개의 정삼각형, 4개의 정삼각형, 5개의 정삼각형이 한 점에 모이면 그 점에서 입체각이 만들어져서 꼭짓점이 돼."

또 누군가가 말했어.

"그래, 면인 정삼각형이 한 꼭짓점에 모여 입체도형을 만들 가능성은 다음 3가지 경우야.

와 같이 각 꼭짓점에 정삼각형이 3개 모이면 정사면체 가 되고,

와 같이 각 꼭짓점에 정삼각형이 4개 모이면 정팔면체 가 되지.

그러면 각 꼭짓점에 정삼각형 5개가 모일 때는 어떨까? 이때도 가능할까?"

생각을 열심히 모으고 있을 때, 마침 도형의 마을을 찾아온 수학 천재 올빼미가 말했어. 그는 고대 그리스 수학자인 피타고라스처럼 수학을 매우 잘한다는 의미로 '올타고라스'라는 별명으로 불리었어. 올타고라스는 도형들의 고민을 듣고는 대답했지.

흠 어디 보자…

"쉽지 않을 것 같아. 그렇지만 한 꼭짓점에 모이는 각의 크기의 합이 300°이니, 360°보다 작아서 가능성은 있어."

"6개의 면이 모인다면?"

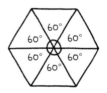

"6개의 정삼각형의 한 점에 붙으면 모이는 각의 크기의 합이 360°가 되어 평면을 이루기 때문에 도형의 꼭짓점이 입체적으로 생기지 않아. 그 말은 입체를 만들 수 없다는 말이 되는 거고."

"역시 똑똑하네! "

도형들은 이번에는 정사각형의 경우에 대해 이야기를 나누었어.

"그럼 면이 정사각형일 때는 어떨까? 한 꼭짓점에 모인 면이 3개인 경우는 꼭짓점을 만들 수 있을까?"

"물론이지. 3개의 면이 한 꼭짓점에 모여도 모이는 각의 크기의 합이 270°이니, 360°보다 작아서 입체를 만들 수 있어. 그렇게 해서 만들어진 도형이 정육면체이고."

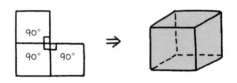

"4개의 면이 모인다면?"

"4개의 정사각형이 한 점에 붙으면 모이는 각의 크기의 합이 360°가 되어 평면을 이루기 때문에 입체도형을 만들기 위한 꼭짓점이 생기지 못해."

"면이 정오각형인 경우는 어떨 것 같아?"

"우선 정오각형은 한 꼭짓점에서 그은 두 개의 대각선에 의하여 3개의 삼각형으로 나누어지니, 정오각형의 내각의 크기의 합은 180°×3= 540°가 되네.

그럼 정오각형의 한 각의 크기는 540°÷5= 108°가 되니, 면이 정오각형일 때는 한 꼭짓점에 모인 면이 3개인 경우만 꼭짓점을 만들 수 있어.”

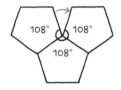

“맞아, 한 꼭짓점에 모인 각이 360°가 넘지 않아 이론상으로는 가능한데, 그리 쉬워 보이지 않네.”

“정육각형일 때는 3개의 면이 한 점에 붙으면 모이는 각의 크기의 합이 360°가 되니 평면이 되어 꼭짓점이 생기지 않겠네. 그렇다면 정육각형이 면이 되는 정다면체는 없다는 얘기가 되나?”

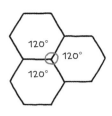

"맞아, 맞아. 존재할 수가 없지. 변의 수가 6개 이상인 정다각형으로 이루어진 정다면체는 없다는 이야기야.

그러니 정다면체가 나올 가능성이 있는 경우는 다음의 5가지뿐이지.

경우 1. 각 꼭짓점에 정삼각형이 3개 모이는 정사면체

경우 2. 각 꼭짓점에 정삼각형이 4개 모이는 정팔면체

경우 3. 각 꼭짓점에 정삼각형이 5개 모이는 경우

경우 4. 각 꼭짓점에 정사각형이 3개 모이는 정육면체

경우 5. 각 꼭짓점에 정오각형이 3개 모이는 경우

그래서 경우 3과 경우 5에서도 정다면체가 만들어진다면 정다면체의 종류는 5종류가 되는 거지."

"야, 너처럼 수학을 좋아하고 깊이 생각하는 수학 천재

가 있어서 우리는 행운이야!"

"그런 말 말아. 너희들이 수학을 점점 좋아하게 되니 나는 그저 신이 나는걸! 우리는 함께 수학의 세계를 더 넓게 깊게 확장해나갈 수 있어.

나는 수학을 공부하면서 이해하는 것이 하나둘 늘어갈 때마다 가슴이 얼마나 뛰는지 몰라. 수학 세계 안에 존재하는 그 아름다움 때문에 가슴이 터질 것 같은 날도 있어! 모두가 그 아름다움을 볼 수 있기를 바랄 뿐이야."

정십이면체와 정이십면체,
드디어 탄생!

"얘들아, 5개의 정삼각형이 한 점에 모여 꼭짓점을 이루는 경우와 3개의 정오각형이 한 점에 모여 꼭짓점을 이루는 경우를 생각해볼까?

5개의 정삼각형이 한 점에 모이면 꼭짓점은 다음과 같아."

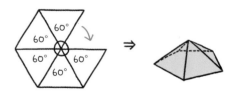

"정오각형인 밑면이 빠진 정오각뿔이네."

"맞아! 맞아! 이해가 빨라지는군! 그런데 이 도형들을 어떻게 이어야 정다면체가 될까?"

"이것도 정팔면체를 만들 때와 같이 정오각뿔의 밑면을 각각 빼고, 남은 그것을 위아래로 붙여서 만들면 정다면체가 될까?"

"아닐 것 같아. 정삼각형 10개가 면으로 이루어져 10면체가 되지만, 어떤 꼭짓점에서는 5개의 면이 모이고, 어떤 꼭짓점에서는 4개의 면이 모이니까 정다면체는 안 될 것 같아."

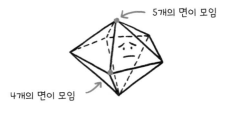

그럼 생각해보자! 어떻게 하면 정다면체를 만들 수 있는지~."

도형들은 수많은 시간에 걸쳐서 논의와 논의를 거듭하고 이리 해보고 저리 해보았지만, 정다면체가 만들어지지

않았어. 도형들이 거의 포기하려고 했을 때 올빼미 올타고
라스가 말했어.

짜잔, 수학이 어려울 땐
이 올타고라스를
부르라구!

"그런데 정삼각형 10개가 면으로 된 10면체가 정다면체
가 안 되는 이유는 4개의 면이 모인 꼭짓점 때문이었잖아.
그러니 문제가 된 꼭짓점에 5개의 면이 모이도록 하면 될
것 같은데…"

밑면을 뺀 정오각뿔에게 좋은 아이디어가 떠올랐어.

"우선 나를 거꾸로 눕혀놓고, 뿔인 꼭짓점을 A라 하고 나
머지 꼭짓점을 B, C, D, E, F이라고 해. 그리고 나와 똑같은
밑면을 뺀 정오각뿔을 데리고 와서 그 뿔을 꼭짓점 B라 하
고, 나의 꼭짓점 B와 그 정오각뿔의 뿔 B점을 맞추면, 2개
의 정삼각형을 공유한 다음과 같은 도형이 돼. 그래서 꼭짓
점 B도 5개의 정삼각형의 면이 모이게 되지.

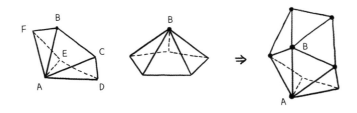

　나머지 꼭짓점 C, D, E, F도 각각 같은 과정을 반복하면 다음과 같은 모양이 돼.

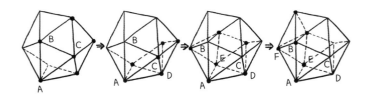

　이제 마지막 남은 그곳에 모자를 씌우듯이 합동인 정오각각뿔을 놓으니 모든 꼭짓점에서 5개의 정삼각형의 면이 모이는 멋진 정다면체가 되잖아."

도형의 면을 세어 보니 무려 면이 20개, 그래서 정이십면체가 탄생하게 되었지.

더욱 신이 난 입체 도형들은 정오각형으로도 정다면체를 만들 수 있을지 궁금해져서 이리저리 궁리하면서 이렇게도 모여보고 저렇게 모여보았지만, 정다면체를 이루기가 어려웠어. 그래서 입체도형들은 한동안 '정다면체는 4개 종류밖에 없나 보다'라고 생각했지.

그러던 차에 정이십면체가 도와주겠다고 나섰어.

우선 모든 꼭짓점은 3개의 정오각형이 모여서 만들어지니까

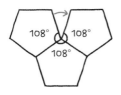

우선 정오각형 하나를 중앙에 놓고 5개의 꼭짓점에 3개

의 정오각형이 모이도록 하고

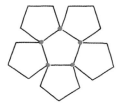

옆에 있는 변들을 서로서로 붙이니 오른쪽과 같은 그릇 모양의 도형이 되었지.

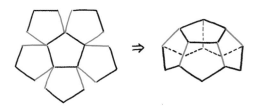

다시 같은 방법으로 똑같은 도형 하나를 더 만들었어.

그리고 똑같이 만든 두 도형을 위아래로 합쳐보았지. 그랬더니 아귀가 딱 맞게 됐어.

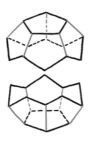

봐, 이렇게 12개의 면을 갖춘 정다면체가 만들어지는 거야.

또 새로운 도형이 나타났네. 바로 정십이면체!

그렇다면 전에 이야기했듯 경우 3과 경우 5에서도 정다면체가 만들어지니 정다면체에는 5종류만이 존재하지.

정사면체, 정육면체, 정팔면체, 정십이면체, 정이십면체

흥분한 입체도형들은 그들 스스로를 대견해했고 자부심도 커져서 자랑하고 싶은 마음이 굴뚝처럼 커졌어. 동시에 입체도형들은 수학을 공부하는 아이들이 이처럼 멋진 수학을 더 좋아하게 되었으면, 하는 간절한 마음이 생겼어.

보고 또 봐도 궁금한 정다면체

정육면체가 올빼미 올타고라스에게 말했어.

"그런데 정십이면체와 정이십면체가 나온다는 것을 우리가 수학답게 규명할 수 없을까?"

그러자 올타고라스가 미소 지으며 말했어.

"그럼 이제 수학적으로 자세하게 설명하여 볼까?"

삼각형, 사각형, 오각형 등의 외각의 크기의 합은 360°이지. 즉 다각형의 외각의 크기의 합은 변의 수에 관계없이 항상 360°야.

다각형의 내각의 크기의 합과 외각의 크기의 합에 대한 더 자세한 설명은 『이런 수학은 처음이야 1』에 나와!

한편, 정다각형에서 내각의 크기는 모두 같으므로 외각의 크기도 모두 같지. 따라서 정다각형에서 한 외각의 크기는 외각의 크기의 합인 360°을 꼭짓점의 개수로 나눈 것과 같게 돼. 꼭짓점이 n개인 외각의 크기를 구하는 공식은 다음과 같아.

$$(\text{정}n\text{각형에서 한 외각의 크기}) = \frac{360°}{n}$$

예를 들어, 정오각형에서 한 외각의 크기는 $\frac{360°}{5} = 72°$이고, 한 내각의 크기는 108°가 되지.

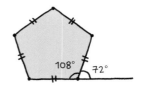

거꾸로 정다각형에서 한 꼭짓점에서의 외각의 크기를 알면 꼭짓점의 개수를 알 수 있지. 한 꼭짓점에서의 외각의 크기가 60°라면 꼭짓점의 개수는 $\frac{360°}{60°}$ = 6, 즉 정육각형인 경우지.

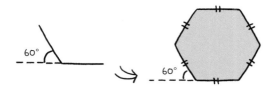

이 이야기를 3차원 공간에 놓인 다면체로 확장해보면 어떨까?

우선 다각형의 면들로 둘러싸인 다면체에서 한 꼭짓점에서의 외각의 크기와 다면체의 외각의 크기의 합을 다음과 같이 하기로 정했어.

(1) 한 꼭짓점에서의 외각의 크기= 360° − (한 꼭짓점에 모인 다각형들의 그 점에서의 내각의 크기의 합)

(2) 다면체의 외각의 크기의 합=각 꼭짓점에서의 외각의 크기의 총합

예를 들어 정사면체의 경우 한 꼭짓점에 모인 정삼각형이 3개이고, 그 점에 모인 정삼각형의 내각의 크기는 각각 60°이니 한 꼭짓점에서의 외각의 크기는

360° − 60°×3= 180° 이지.

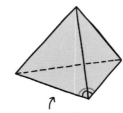

$$360° - (60° + 60° + 60°)$$

그리고 정사면체는 꼭짓점이 4개이므로 외각의 크기의 합은 180°×4= 720°가 돼.

이처럼 정사면체뿐만 아니라

모든 다면체의 외각의 크기의 합= 720°

가 성립해.

"왜 그렇게 되는 거지?"라고 도형들이 묻자

올타고라스는

"그 이유를 알 수 있는 방을 알고 있어."

→ 알고 싶다면 신비의 방으로 가봐. (136쪽)

이제 정다면체에 대해 생각해보자. 정다면체가 만들어지기 위해서는 한 꼭짓점에 모인 면의 경우가 다음 5가지 뿐이라고 했지.

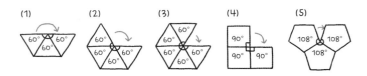

각 경우에 대해 한 꼭짓점에서의 외각의 크기를 구해보면

(1) $360° - 60° \times 3 = 180°$ (2) $360° - 60° \times 4 = 120°$ (3) $360° - 60° \times 5 = 60°$

(4) $360° - 90° \times 3 = 90°$ (5) $360° - 108° \times 3 = 36°$

그럼 다면체의 외각의 크기의 합= 720°라는 것을 이용해, 각 경우에 대해 꼭짓점의 개수 v를 구해보면

(1) $v = \dfrac{720}{180} = 4$ (2) $v = \dfrac{720}{120} = 6$ (3) $v = \dfrac{720}{60} = 12$

(4) $v = \dfrac{720}{90} = 8$　　(5) $v = \dfrac{720}{36} = 20$

　정다면체의 꼭짓점의 개수를 v, 모서리의 개수를 e, 면의 개수를 f라고 하자. 이때 정다면체에서 한 꼭짓점에 모인 모서리의 개수를 a라고 하면, 각 모서리는 2개의 꼭짓점을 잇는 선분이니, $a \times v$는 각 모서리를 두 번 센 것이 되지. 그래서 $a \times v$는 전체 모서리의 개수 e를 2배 한 것과 같아. 즉 다음이 성립해.

$$a \times v = 2e$$

　예를 들어 정사면체의 경우 한 꼭짓점에 모인 모서리의 개수가 3이니, 각각의 꼭짓점에 모인 모서리의 개수 총합은 $3 \times 4 = 12$이고, 각 모서리는 2개의 꼭짓점을 잇는 선분이니 $3 \times 4 = 2e$에서 모서리의 개수 $e = 6$이지.

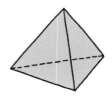

그럼 앞의 그림에서 각 경우에 대하여 한 꼭짓점에 모인 모서리의 개수 a를 써보면

(1) 3   (2) 4   (3) 5   (4) 3   (5) 3

다음으로 $e = \dfrac{a \times v}{2}$ 를 사용해 모서리의 개수 e를 구해보면

(1) $e = \dfrac{3 \times 4}{2} = 6$ (2) $e = \dfrac{4 \times 6}{2} = 12$ (3) $e = \dfrac{5 \times 12}{2} = 30$

(4) $e = \dfrac{3 \times 8}{2} = 12$ (5) $e = \dfrac{3 \times 20}{2} = 30$

이제 정다면체가 f개의 정n각형으로 만들어져 있다고 하자. 그러면 n개의 모서리를 이루는 정n각형의 면의 개수가 f개이고, 각 모서리에서 2개의 면이 만나니 $n \times f$는 각 모서리를 두 번 센 것이 되지. 그래서 $n \times f$는 전체 모서리의 개수 e를 2배 한 것과 같아. 즉 다음이 성립해.

$$n \times f = 2e$$

예를 들어 정사면체의 경우 정삼각형으로 만들어져 있으니 $n=3$이고, 4개의 정삼각형이 각각 이루고 있는 모서리의 개수 총합은 $3 \times 4 = 12$가 되고, 각 모서리에서 2개의 면이 만나니 $3 \times 4 = 2e$에서 모서리의 개수 $e=6$이지.

이제 $n \times f = 2e$를 사용하여, 각 경우에 대해 면의 개수 f를 구해보면

(1) $3 \times f = 2 \times 6$ 그러므로 $f=4$. 즉 면의 개수가 4개이니, 이 경우는 정사면체를 구성하게 되지.

(2) $3 \times f = 2 \times 12$ 그러므로 $f=8$. 즉 면의 개수가 8개이니, 이 경우는 정팔면체를 구성하게 되지.

(3) $3 \times f = 2 \times 30$ 그러므로 $f=20$. 즉 면의 개수가 20개이니, 이 경우는 정이십면체를 구성하게 되지.

(4) $4 \times f = 2 \times 12$ 그러므로 $f=6$. 즉 면의 개수가 6개이니, 이 경우는 정육면체를 구성하게 되지.

(5) $5 \times f = 2 \times 30$ 그러므로 $f=12$. 즉 면의 개수가 12개이고, 이 경우는 정십이면체를 구성하게 되지.

모두 정리해볼까?

정다면체	정사면체	정육면체	정팔면체	정십이면체	정이십면체
면의 모양	정삼각형	정사각형	정삼각형	정오각형	정삼각형
한 꼭짓점에 모이는 면의 개수	3	3	4	3	5
꼭짓점의 개수	4	8	6	20	12
모서리의 개수	6	12	12	30	30
면의 개수	4	6	8	12	20
전체 모양					

플라톤의
위대한 착상

정다면체를 '플라톤 입체'라고도 하는데 이것은 플라톤이 『티마이오스』라는 책에서 언급한 것과 관련이 있어. 당시의 그리스인들은 우주 구성의 기본요소를 불, 흙, 물, 공기로 보았는데, 플라톤은 우주의 기본요소는 단순하고 균형적인 수학적 구조를 갖춘 정다면체의 형상을 띠고 있다고 생각했지.

그래서 불, 흙, 물, 공기들의 내적 구조를 고려하여, 뾰족한 모양으로 날카로운 성질의 불은 사면체 형태로, 안정적인 모습인 흙은 정육면체 형태로, 바람이 불면 쉽게 돌아가는 공기는 정팔면체 형태로, 유동적인 물은 정이십면체 형태로, 그리고 이 모든 것으로 구성된 우주는 정십이면체 형태를 띠고 있다고 하였어.

지금의 관점으로 생각하면 다소 황당하게 보일 수도 있지만, 그의 접근법의 깊은 의미는, 불, 흙, 물, 공기의 상태와 같이 애매하고 명확하지 않은 자연의 형태를 수학적 구조물로 대응시키고, 그 당시 혼돈으로만 여겨졌던 우주에 수학적 질서를 부여함으로써 우주를 아름답게 조화를 이루는 코스모스cosmos로 이해하려 했다는 점이야.

수학적으로 자연과 우주를 바라보려 한 그의 정신은 케플러, 갈릴레오, 뉴턴 등에게 시대를 지나며 전수되었고 현대에 이르러 과학자들도 우주의 기본요소에 적합한 수학적 형식을 찾으려고 여전히 노력하고 있어.

또한, 그리스어로 '아름답다'를 의미하는 단어 'kalos'는 선하다는 뜻도 내포하고 있는데, 수학적으로 아름답게 설계된 우주를 통하여 이 세상이 선한 뜻으로 창조되었다는 의미도 품고 있다고 볼 수 있지.

현대 과학에서도 원자의 구조를 알기 위하여 수학적인 모형을 근간으로 추론하고 있고, 특히 안정적인 물질의 원자 구조는 정다면체의 모습을 근간으로 품고 있음이 밝혀

졌지.

그러니 우주 구성의 기본요소를 수학적 형식에 대응한 플라톤의 착상은 시대를 뛰어넘어 본질을 꿰뚫는 위대한 생각으로 볼 수 있지.

1차원, 2차원, 3차원 ■ 중등 수학 1-2		
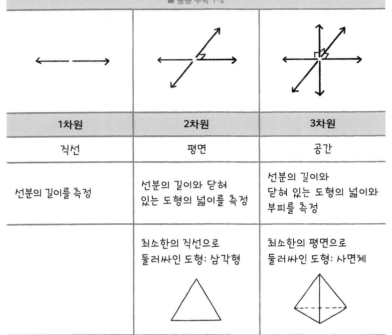		
1차원	**2차원**	**3차원**
직선	평면	공간
선분의 길이를 측정	선분의 길이와 닫혀 있는 도형의 넓이를 측정	선분의 길이와 닫혀 있는 도형의 넓이와 부피를 측정
	최소한의 직선으로 둘러싸인 도형: 삼각형	최소한의 평면으로 둘러싸인 도형: 사면체

다면체
■ 중등 수학 1-2

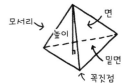

다각형인 면으로 둘러싸인 입체도형

각뿔
■ 중등 수학 1-2

사각뿔   오각뿔

다면체 중에서 밑면이 다각형이고
옆면은 모두 삼각형인 도형.
뿔의 이름은 밑면의 모양에 따른다.

정다면체
■ 중등 수학 1-2

정사면체   정육면체

각 면이 모두 같은(합동인) 정다각형이고,
각 꼭짓점에 모인 면의 수가 같은
볼록한 다면체.
모든 꼭짓점, 모든 모서리, 모든 면이 같다.

정다면체의 종류
■ 중등 수학 1-2

정다면체	정사면체	정육면체	정팔면체	정십이면체	정이십면체
면의 모양	정삼각형	정사각형	정삼각형	정오각형	정삼각형
한 꼭짓점에 모이는 면의 개수	3	3	4	3	5
꼭짓점의 개수	4	8	6	20	12
모서리의 개수	6	12	12	30	30
면의 개수	4	6	8	12	20
전체 모양					

2강

다면체의 진정한 크기는?

다면체의 겉넓이와 부피

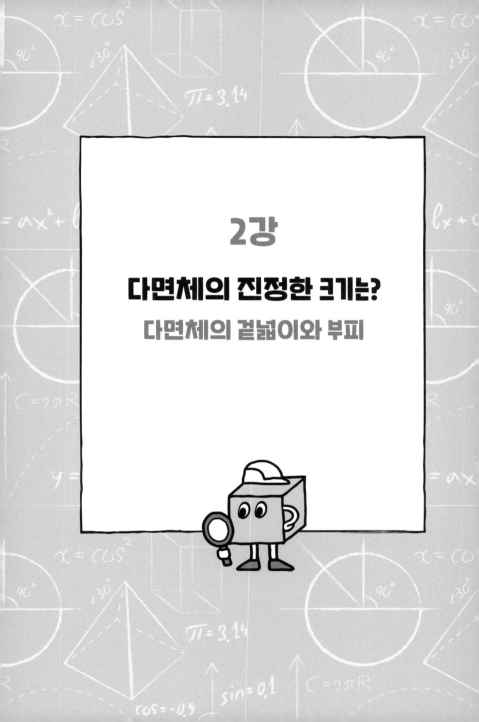

나의 크기

"평면도형은 자기의 크기를 무엇으로 나타내는지 기억해? 맞아. 바로 그들은 넓이를 통해 자기의 크기를 나타내. 그렇다면 우리 입체도형은 무엇으로 크기를 표현하지? 어떤 이들은 겉넓이가 우리의 크기라고 이야기하지만, 우리 입체도형은 평면도형과 달리 입체의 안도 있잖아? 그 안쪽의 크기가 우리의 진정한 크기가 아닐까? 입체 안의 크기? 그걸 어떻게 알 수 있지? 그걸 측정하는 방법이 있는 걸까?"

지적 호기심이 발동한 공간상의 도형들은 자기들의 안을 채우는 크기를 어떻게 측정하는지 또다시 올빼미 올타고라스에게 물어봤어.

궁금한 게 있다는 건
아주 좋은 거야.
뭐든지 물어봐!

질문을 받은 올타고라스는 그들에게 평면도형과 입체도형의 차이가 무엇이냐고 물었어.

도형들은 "평면과 수직인 높이가 있다는 것이지"라고 대답했어.

"그럼 실마리를 거기서 풀어야 해. 평면도형에서는 평면도형의 크기를 넓이라고 부르는데, 공간 세계에서 입체도형의 내부의 크기를 부피라고 불러. 평면도형의 넓이를 구할 때 가로의 길이가 a, 세로의 길이가 b인 직사각형의 넓이를 ab라고 약속하고 그것을 기준으로 삼아.

입체도형 역시 부피를 구하기 위해서도 기준이 있어야 하는데, 그 기준을 직육면체로 했어. 그리고 가로의 길이가 a, 세로의 길이가 b, 높이가 h인 직육면체의 부피를 $V = abh$로 하기로 했지.

직육면체의 부피=가로의 길이×세로의 길이×높이

그런데 직육면체를 사각 기둥으로 볼 수 있고, 이때 '가로의 길이×세로의 길이'가 밑면의 넓이(밑넓이)니까

직육면체의 부피= 밑넓이×높이

직육면체의 부피의 값을 잘 살펴보면, 밑면을 고정했을 때 높이 h가 클수록 부피가 커지잖아. 그러니 부피라는 것이 맨 밑바닥의 밑면이 얼마큼 높이 쌓여 있느냐는 것으로 이해할 수도 있지. 즉, 밑면을 높이 h만큼 쌓는 것에 대한 크기를 나타내는 것이지.

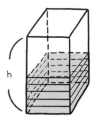

그래서 밑면의 모양과는 상관없이 두 밑면이 서로 평행하면서 합동인 기둥 모양의 도형은 그 부피가 밑면의 넓이 × 높이가 되는 거야. 밑면의 넓이가 A이고 높이가 h라고

했을 때, 기둥의 부피 $V = Ah$이지.

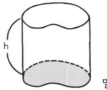

밑면의 넓이 A

기둥 모양의 도형은 밑면의 모양이 다각형이면 각기둥이라 하고, 밑면의 모양이 원이면 원기둥이라 해. 각기둥이나 원기둥 등의 부피를 구하는 공식도 다음과 같이 정리할 수 있지.

각기둥의 부피 = (각기둥의 밑넓이)×(높이)
원기둥의 부피 = (원기둥의 밑넓이)×(높이)

사람들은 평면 세계에서 도형의 넓이를 구하는 것이 중요하다고 생각했듯이, 공간 세계에서도 입체도형의 겉넓이와 부피를 측정하는 것을 중요하게 생각해."

직육면체가 물었어.

"그런데 사람들은 왜 우리의 겉넓이와 부피를 아는 것이 중요하다고 생각하지?"

올타고라스는 미소를 지으며 설명을 계속했어.

"사람들 생활에서 측정이 쓸모가 있거든. 예를 들어 어떤 기업이 주스를 용기에 담아 팔더라도 용기를 둘러싸고 있는 겉넓이와 용기의 부피를 알아야 일정한 부피에 일정한 가격을 매길 수 있으니 말이야.

조금 더 재미있는 이야기를 들려줄게. 지구라는 공간에는 많은 생명체가 살고 있는데 각 생명체가 나름의 입체도형의 모습을 띠고 있어. 그들의 표면적과 부피에 대하여 알아보면 매우 흥미로운 사실을 알게 돼.

예를 들어 추운 곳이라 피부를 통하여 열이 방출하는 것을 최소화해야 하는 자연환경이라면 같은 덩치(부피)를 가진 생명체 중에서 피부 표면적이 작은 생명체가 생존에 유리하겠지. 즉, 덩치와 피부 표면적의 두 양에 대하여 덩치에 대한 피부 표면적의 비율인 피부 표면적÷덩치 $= \frac{\text{피부 표면적}}{\text{덩치}}$ 의 값이 작을수록 생존할 확률이 높겠지. 오랜 세월을 거치면서 결국 추운 곳에서는 $\frac{\text{피부 표면적}}{\text{덩치}}$ 의 값이 작은 생명체가 많이 살게 되지. 반면에 무더운 곳은 피부를 통해 땀을 배출하여 체온을 낮추는 것이 필요한 환경이기 때문에 피부 표면적이 큰 동물이 더위에 적응하기가 유리해. 그래서 더운 곳에서는 $\frac{\text{피부 표면적}}{\text{덩치}}$ 의 값이 큰 생명체가 많이 살게 되지.

북극여우와 사막여우의 몸집 차이를 봐! 여우뿐만 아니라 추운 지역일수록 포유동물의 덩치가 커지지. 사람도 추운 지역에 사는 사람일수록 평균적으로 몸집이 커.

북극여우   사막여우

그럼 몸이 커질수록 $\frac{\text{피부 표면적}}{\text{덩치}}$ 의 값이 작아지고, 몸이 작을수록 $\frac{\text{피부 표면적}}{\text{덩치}}$ 의 값이 커지게 되는 걸까?

이것을 도형을 이용해 수학적으로 따져볼까?

도형에 적용해보면 피부 표면적은 겉넓이, 덩치는 부피가 되지.

정육면체로 겉넓이와 부피를 계산하고, 부피에 대한 겉넓이의 비를 구해보면 더 쉽게 이해할 수 있을 거야.

모서리의 길이가 1인 정육면체는 넓이가 1×1=1인 정사각형 6개로 둘러싸여 있으니 겉넓이가 1×6= 6, 부피는 1×1×1=1이니, $\frac{겉넓이}{부피}$ = 6 이고,

모서리의 길이가 2인 정육면체는 넓이가 2×2=4인 정사각형 6개로 둘러싸여 있으니 겉넓이가 4×6=24, 부피는 2×2×2=8이니, $\frac{겉넓이}{부피}$ = 3 이야.

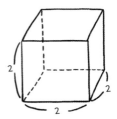

이제 모서리의 길이를 4배, 8배, 16배 늘려서 $\frac{겉넓이}{부피}$ 를 구해볼까?

모서리 길이	1	2	4	8	16
겉넓이	6	24	16×6=96	8×8×6=384	16×16×6=1536
부피	1	8	4×4×4=64	8×8×8=512	16×16×16=4096
$\frac{겉넓이}{부피}$	6	3	1.5	0.75	0.375

잘 보면 정육면체의 부피가 1, 8, 64…로 커질수록 $\frac{겉넓이}{부피}$ 의 값은 6, 3, 1.5…로 작아지지. 반대로 말하면 정육면체의 크기가 작아질수록 $\frac{겉넓이}{부피}$ 는 커지는 거지.

이제 몸이 커질수록 $\frac{피부\ 표면적}{덩치}$ 가 작아지고, 몸이 작을수록 $\frac{피부\ 표면적}{덩치}$ 가 커지는 이유를 알겠지."

올타고라스의 설명을 들은 입체도형들은 감탄해서 입이 저절로 벌어졌어!

"수학이 우리의 몸집의 크기와 살아가는 환경과도 관계가 있다니~!"

"수학은 사람들에게 대단히 큰 도움을 주고 있는 것 같아. 수학은 자연 속에 숨어 있는 비밀들을 알려주는 비밀의 문 같아!"

흥분한 공간상의 도형들은 저마다 감탄의 말을 했고 마음이 뿌듯해졌어.

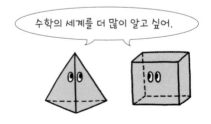

수학의 세계를 더 많이 알고 싶어.

차원과 도형의 신묘한 법칙

차원과 도형과의 관계를 생각해볼까? 선분은 길이를 나타내는 1차원 도형이라고 했지? 이때 선분이 놓인 직선 밖의 한 점 P가 있다고 해보자. 선분의 각 점을 점 P와 연결하면 어떨까? 그러면 삼각형이 생기게 되고 이 삼각형은 면적을 구할 수 있는 2차원 도형이 되지.

이번에는 2차원 도형인 삼각형과 삼각형이 놓인 평면 밖에 있는 한 점 P가 있다고 해보자. 삼각형의 각 점을 한 점 P와 연결하면 삼각뿔이 돼. 즉 공간상의 도형, 3차원 도형이 만들어지는 거지.

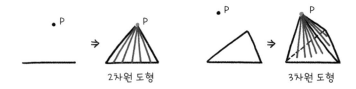

2차원 도형   3차원 도형

그렇다면 주어진 삼각뿔과 삼각뿔이 놓인 3차원 공간 밖에 있는 점 P를 연결한다면? 4차원 도형이 되겠지? 맞아, 삼각뿔의 각 점을 점 P와 연결하면 4차원 공간에 놓여 있는 뿔이 되는 거지. 이런 식으로 계속 더 높은 차원의 뿔을 구성할 수 있어.

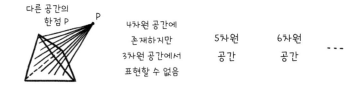

이런 관점으로 보면 삼각형을 2차원 평면에 있는 뿔이라고도 볼 수 있지.

원, 삼각형, 사각형과 같은 도형이 밑면으로 주어져 있고, 밑면이 놓인 평면 위에 있지 않은 한 점이 있을 때, 그 점과 밑면의 각 점을 선분으로 연결해서 얻은 입체도형을 뿔이라고 한다는 것을 앞에서 이야기했지? 뿔의 이름은 밑면 도형의 모양에 따라 붙이는데, 밑면 도형이 원이면 원뿔, 삼각형이면 삼각뿔, 사각형이면 사각뿔 등으로 이름 붙인다는 것도. 그리고 밑면이 정다각형이면서 옆면은 모두 합동인 뿔에는 이름 앞에 '정'을 붙여. 정삼각뿔, 정사각뿔…과 같이 말이야.

뿔도 자신의 부피가 궁금해서 알아보려고 했어. 앞에서 부피의 기준은 직육면체라고 했지? 그러니까 뿔들은 어떻게 해서라도 서로 모여 직육면체를 이루려고 했어. 여러 가지 방법으로 수많은 시도를 했지만, 쉽지 않아 낙담하고 있을 때, 정사각뿔들이 소리쳤어.

"우리가 정육면체를 만들었어!"

정사각뿔들이 모여서 직육면체의 일종인 정육면체를 만들었다지 뭐야. 밑면의 한 변의 길이가 1, 높이가 $\frac{1}{2}$인 정사각뿔 6개가 십자가 모양으로 모인 후에 차곡차곡 쌓으니 모서리의 길이가 1인 정육면체가 되었던 거야.

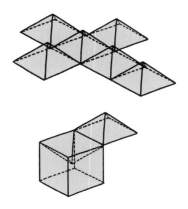

"모서리의 길이가 1인 정육면체의 부피는 1이고, 그 안을 똑같은 6개의 정사각뿔로 채울 수 있기 때문에 각각의 정사각뿔의 부피는 $\frac{1}{6}$이야."

여기서 다른 뿔들은 힌트를 얻었어. 밑넓이는 1이고, 높이는 $\frac{1}{2}$인 정사각뿔의 부피가 $\frac{1}{6}$이 되는 공식을 찾으면, 어떤 뿔이라도 이 공식을 적용해서 부피를 구할 수 있지 않을까? 자, 이제부터 답이 $\frac{1}{6}$이 나오도록 거꾸로 찾아보는 거야.

"정사각뿔은 같은 밑넓이와 높이를 갖는 직육면체의 일부분이니까 그림으로 그리면 다음과 같아.

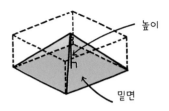

높이

밑면

직육면체의 부피인 밑넓이×높이에 1보다 작은 어떤 수를 곱하면 정사각뿔의 부피가 나오겠지.

$$정사각뿔의\ 부피 = \square×밑넓이×높이$$

정사면체의 부피는 $\frac{1}{6}$이고, 밑넓이는 1이고, 높이는 $\frac{1}{2}$이었으니 이것을 위의 식에 대입하면 $\square$의 값이 나오게 되지.

$$정사각뿔의\ 부피 = \square×밑넓이×높이$$
$$\frac{1}{6} = \square×1×\frac{1}{2}$$

즉, $\square$는 $\frac{1}{3}$이야! 그래서

$$정사각뿔의\ 부피 = \frac{1}{3}×밑넓이×높이."$$

올빼미 올타고라스가 말을 이어갔어.

"유추해보면 사각뿔의 부피도 다음과 같아.

$$사각뿔의\ 부피 = \frac{1}{3} \times 밑넓이 \times 높이."$$

다른 모양의 뿔들도 자신의 부피를 알고 싶어서, 올빼미 올타고라스에게 도움을 청했어. 그러자 올타고라스는 기쁜 마음으로 설명을 시작했어.

"이제 사각뿔의 밑면인 사각형을 2개의 삼각형 A, B로 나누어보자.

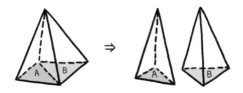

$사각뿔의\ 부피 = \frac{1}{3} \times 밑넓이 \times 높이$

$= \frac{1}{3} \times (\ 삼각형\ A의\ 넓이 + 삼각형\ B의\ 넓이)$
$\times 높이$

$= \frac{1}{3} \times 삼각형\ A의\ 넓이 \times 높이 + \frac{1}{3} \times 삼각형\ B$
의 넓이 $\times 높이$

$= \frac{1}{3} \times$ 삼각뿔 A의 밑넓이$\times$높이$+\frac{1}{3} \times$ 삼각뿔 B의 밑넓이$\times$높이

그런데, 사각뿔의 부피= 삼각뿔 A의 부피+삼각뿔 B의 부피니까,

삼각뿔의 부피는 다음과 같아.

삼각뿔의 부피$= \frac{1}{3} \times$ 삼각뿔의 밑넓이$\times$높이

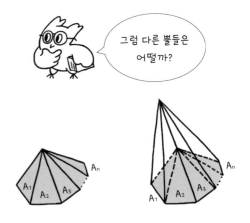

일반적인 다각뿔에서 밑면인 다각형을 한 꼭짓점에서 그은 대각선으로 삼각형 A_1, $A_2 \cdots A_n$으로 나누면,

다각뿔의 부피= 삼각뿔 A_1의 부피+삼각뿔 A_2의 부피+⋯

$\qquad\qquad$ +삼각뿔 A_n의 부피

$= \dfrac{1}{3}\times$삼각형 A_1의 넓이×높이+$\dfrac{1}{3}\times$삼각형 A_2의 넓이×높이+ ⋯ +$\dfrac{1}{3}\times$삼각형 A_n의 넓이×높이

$= \dfrac{1}{3}\times$(삼각형 A_1의 넓이+삼각형 A_2의 넓이+⋯+삼각형 A_n의 넓이)×높이

$= \dfrac{1}{3}\times$다각뿔의 밑면의 넓이×높이

그래서 일반적인 다각뿔의 부피도 다음과 같아.

$$\text{다각뿔의 부피} = \dfrac{1}{3}\times\text{밑넓이}\times\text{높이}$$

마찬가지로 원뿔의 밑면인 원도 무수히 많은 삼각형으로 나눈다고 생각하고 위의 과정을 반복하면 원뿔의 부피도 다음과 같이 되지.

$$\text{원뿔의 부피} = \frac{1}{3} \times \text{밑넓이} \times \text{높이}$$

이와 같은 방법으로 삼각뿔, 사각뿔, 오각뿔, …, 원뿔 등에 관계없이 모든 뿔의 부피는 다음과 같지."

$$\text{뿔의 부피} = \frac{1}{3} \times \text{밑넓이} \times \text{높이}$$

올타고라스는 불현듯 무언가가 생각난 듯 이야기를 이어갔어.

"그런데 삼각형을 2차원 평면에 있는 뿔이라고도 볼 수 있다고 했지.

$$\text{2차원 평면에 놓인 삼각형의 넓이} = \frac{1}{2} \times \text{밑변} \times \text{높이}$$
$$\text{3차원 공간에 놓인 뿔의 부피} = \frac{1}{3} \times \text{밑넓이} \times \text{높이}$$

2차원 공간에서 놓인 삼각형은 2로 나누고, 3차원 공간에 놓인 뿔은 3으로 나누지. 무언가 연관성이 있는 것 같지 않아? 그래 맞아! 2와 3은 삼각형과 뿔이 놓인 곳의 차원을 반영하고 있어.

이러한 연관성은 고차원 공간에서도 성립해. 예를 들어 n차원 공간에 놓여 있는 뿔에서 밑면의 부피가 V이고, 높이가 h라면 뿔의 부피는 Vh의 $\frac{1}{n}$이 돼. 즉,

n차원 공간에 놓인 뿔의 부피 $= \frac{1}{n} \times$ 밑면의 부피$\times$높이

신기하지, 이렇게 수학이 합리적이고 조화롭다는 것이!

이제 뿔의 부피를 구하는 것을 알았으니 재미있는 예를 들어볼게.

다음 그림처럼 같은 재료로 만들어지고 밑면이 똑같은 원으로 만든 초콜릿 '선택 1'과 '선택 2'가 있다고 해보자. 그러면 어떤 것을 선택하는 것이 가장 많은 양의 초콜릿을 선택한 것일까?

선택 1   선택 2

답은? 언뜻 보면 선택 2가 양이 많아 보이지? 그런데 아니야. '원기둥의 부피 = 밑넓이×높이'인 반면에 '원뿔의 부피 = $\frac{1}{3}$×밑넓이×높이'이니까, 원뿔 하나는 원기둥의 3분의 1이란 소리지. 거꾸로 말하면 원뿔 3개가 모여야 원기둥 하나가 되는 거야. 그러니까 양으로 보면 선택 1과 선택 2가 같아. 만약 네가 회사 사장이라면 어떤 모양의 초콜릿을 만들 것 같아?

알아두면 쓸모 있는 닮음비 이야기

며칠 후에 올빼미 올타고라스가 도형들에게 재미있는 수학 이야기를 들려주었어.

하얀 코끼리White Elephant에 대한 이야기를 들어본 적이 있어? 동남아 지역의 설화에 있는 이야기인데 고대의 국왕이 마음에 들지 않는 신하에게 사료비가 많이 드는 흰 코끼리를 선물해서 경제적으로 매우 힘들게 만들었다는 이야기 말이야. 이 말은 인간 세상의 경제 용어로, 비용만 많이 들고 쓸모가 없는 걸 의미하는 거래.

어미 코끼리와 키가 어미 코끼리의 3분의 1쯤 되는 새끼 코끼리가 있다면, 어미 코끼리의 몸의 크기는 새끼 코끼리의 몇 배쯤일까? 3배일까? 그렇다면 먹는 양도 어미 코끼리는 아기 코끼리의 3배를 먹을까?

우리 엄마는 나보다
얼마나 많이 드실까?

코끼리는 모양이 복잡하니, 입체도형으로 생각해볼까? 입체도형도 닮게 만들 수 있으니 말이야. 어떻게 하냐고?

한 입체도형을 일정한 비율로 확대하거나 축소하면 되지. 그렇게 하면 크기는 다르지만 모양이 똑같은 도형이 만들어져. 이때 두 입체도형은 서로 닮음인 관계에 있다고 해. 또 서로 닮음인 관계에 있는 두 입체도형을 닮은 도형이라고 하지. 확대하거나 축소할 때 일정한 비율로 해야 닮은 도형이 되기 때문에 이 비율을 닮음비라고 해.

즉 서로 닮음인 도형에 대하여 대응하는 변의 길이의 비를 닮음비라고 해. 예를 들어 처음 도형의 변들을 3배로 확대한 도형이 있을 때, 두 도형의 닮음비는 1:3이고 대응하는 면은 서로 닮은 도형이지.

닮음비가 1 : 3인 직사각형의 넓이의 비를 알아볼까? 아래 그림에서 왼쪽의 직사각형의 가로와 세로의 길이를 각각 a, b라고 하고, 오른쪽 직사각형의 가로와 세로의 길이를 각각 $3a$, $3b$라고 하면, 넓이는 각각 ab, $3a \times 3b = 3^2 ab$가 되어 넓이의 비가 $1 : 3^2$임을 알 수 있어.

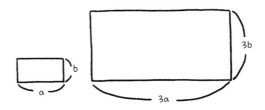

그럼 닮음비가 1 : 3인 직육면체의 부피의 비도 알아볼까? 아래 그림에서 왼쪽의 직육면체의 세 모서리의 길이를 각각 a, b, c라고 하고, 이들에 대응하는 오른쪽 직육면체의 세 모서리의 길이는 각각 $3a$, $3b$, $3c$라고 하면, 부피는 각각 abc, $3a \times 3b \times 3c = 3^3 abc$가 되어 부피의 비가 $1 : 3^3$임을 알 수 있어.

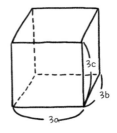

일반적으로, 닮음인 두 평면도형의 닮음비가 $m:n$이면, 넓이의 비는 $m^2:n^2$이고, 닮음인 두 입체도형의 닮음비가 $m:n$이면, 그 부피의 비는 $m^3:n^3$이야. 넓이는 2차원 도형에서 다루어지니 제곱이 붙고, 부피는 3차원적이니 세제곱이 붙는 것 같지 않니?

정사면체의 부피를 '$\frac{1}{3} \times$ 밑넓이 $\times$ 높이'를 이용하여 구하려면, 밑넓이인 정삼각형의 넓이뿐만 아니라, 한 꼭짓점에서 밑면에 그은 수선의 발의 위치와 높이를 구해야 해. 그런데 그 과정이 매우 복잡해. 그때 닮음비를 이용하면 정사면체의 부피를 다음과 같이 쉽게 구할 수 있어.

한 모서리의 길이가 1인 정육면체에서 다음과 같이 4개의 회색 꼭짓점으로 이루어진 정사면체를 생각해보자.

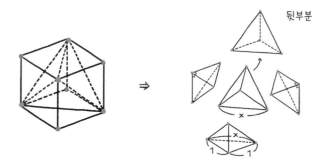

뒷부분

그러면 정육면체는 정사면체 1개와 합동인 4개의 삼각 뿔로 나뉘게 돼. 그리고 정사면체 모서리의 길이를 x라고 하면 피타고라스의 정리를 이용해 x를 구할 수 있어.

피타고라스의 정리 : $x^2 = 1^2 + 1^2$

그러면 $x = \sqrt{2}$이지. 즉 정사면체의 모서리의 길이는 $\sqrt{2}$인 걸 알 수 있어.

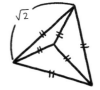

한 모서리의 길이가 1이라고 했으니 정육면체의 부피는 1이지. 그리고 아까 정육면체에서 나눴던 삼각뿔의 밑면을 직각이등변삼각형으로 잡으면, 밑면의 넓이= $\frac{1}{2}$ ×1×1= $\frac{1}{2}$ 이니,

삼각뿔의 부피= $\frac{1}{3}$ ×밑넓이×높이= $\frac{1}{3}$ × $\frac{1}{2}$ ×1= $\frac{1}{6}$

그리고 정육면체에서 삼각뿔 4개를 빼면 정사면체가 남으니까,

정사면체의 부피 = 정육면체의 부피−삼각뿔의 부피×4

$$= 1-\frac{4}{6} = \frac{1}{3}$$

즉, 한 모서리의 길이가 $\sqrt{2}$ 인 정사면체의 부피는 $\frac{1}{3}$ 이야. 그럼 모서리의 길이가 1인 정사면체의 부피 V 는 얼마일까?

모든 정사면체는 닮음이고, 두 사면체의 닮음비가 $1:\sqrt{2}$ 이니까

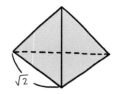

V: 모서리의 길이가 $\sqrt{2}$인 정사면체의 부피 = $1^3 : (\sqrt{2})^3$,

즉 $V: \frac{1}{3} = 1^3 : (\sqrt{2})^3$, 그러므로 $V = \frac{1}{3 \times (\sqrt{2})^3} = \frac{1}{6\sqrt{2}} = \frac{\sqrt{2}}{12}$.

그럼, 모서리의 길이가 1인 정사면체의 부피:모서리의 길이가 a인 정사면체의 부피= $1 : a^3$이니까,

모서리의 길이가 a인 정사면체의 부피는 $\frac{\sqrt{2}}{12}a^3$이 되겠지.

그럼 이제 코끼리의 문제로 돌아가볼까? 어미 코끼리와 새끼 코끼리가 닮았다는 가정하에 길이의 비가 1:3이니 몸의 크기의 비는 $1:3^3$, 즉 1:27이지.

그럼 어미 코끼리는 새끼 코끼리보다 27배의 사료를 더 먹어야 할까? 그런데 생리학적으로 하루에 필요한 에너지는 키의 길이를 세제곱한 것의 제곱근, 즉 $\sqrt{(\text{키의 길이})^3}$에 비례한다고 하네. 그러니 $1:\sqrt{3^3}$, 어미 코끼리는 새끼 코끼리보다 약 $\sqrt{3^3} \approx 5.2$배를 더 먹으면 돼.

걸리버 여행기
다시 보기

『걸리버 여행기』라는 소설에도 앞의 코끼리 이야기와 비슷한 이야기가 있어.

조너선 스위프트라는 아일랜드의 작가가 쓴 소설인데, 이름대로 걸리버라는 주인공이 여러 나라를 여행한 이야기를 담고 있어. 이야기는 이렇게 시작하지. 걸리버가 배를 타고 가다가 난파되어 홀로 외딴 섬에 도착해 정신을 잃고 쓰러져. 걸리버가 눈을 떠보니 온몸이 밧줄로 묶여 있고 주변에는 걸리버보다 한참 작은 사람들이 있었지. 그는 꽁꽁 묶인 채 소인국인 릴리퍼트의 포로가 된 거지. 걸리버는 소인국을 시작으로 놀라운 모험을 해.

여기서 거인 걸리버에게 얼마만큼의 식사를 제공해야 하는지 고민하는 소인국 사람들의 이야기가 나와. 소인국 사람들이 사용한 방법은 닮음비였어. 걸리버의 키가 소인의 키의 약 12배이니,

소인의 몸의 크기:걸리버의 몸의 크기 = $1 : 12^3$

즉 걸리버의 크기가 소인의 $12^3 = 1728$배라고 생각해, 소인 1728명에 해당하는 음식을 매일 제공했다는 재미있고도 수학적인 내용이 나와.

그러나 걸리버의 키가 12배 정도 되니까, 앞에서 이야기했듯이 생리학적으로 하루에 필요한 에너지는

소인이 하루에 필요한 에너지:걸리버가 하루에 필요한 에너지 = $1 : \sqrt{12^3}$,

$\sqrt{12^3} \approx 42$배 정도면 되는 거야. 이 소설의 저자는 걸리버가 많은 양의 음식을 제공받았다 것보다는 소설의 내용이 수학적 근거가 있는 것이라고 설득하고 싶었는지 모르겠지

만, 알고 보면 1728배는 황당할 정도로 너무 많은 양이야.

이 소설이 쓰인 지가 거의 300년이 지났지만, 최근이 되어서야 어느 생리학자가 이 문제를 제기한 것을 보면, 사람들은 수학을 쓰면 그냥 신뢰하는 경향이 있어. 수학에서 숫자의 계산이 중요하지만, 숫자 계산에 대한 맹신은 위험해. 지금은 정보화 시대인 만큼 많은 정보가 숫자로 표현되는데, 그것은 현상을 요약한 숫자이므로 다양하게 해석하고 결론을 내릴 수 있어. 그러니까 항상 숫자를 올바르게 해석해서 활용하고 이해하도록 노력해야 해.

생각보다 적게 먹어.

이야기 되돌아보기 2

입체도형의 부피 1
■ 중등 수학 1-2

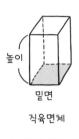

직육면체

원기둥

기둥 모양의 도형의 부피 = 밑면의 넓이×높이

입체도형의 부피 2
■ 중등 수학 1-2

사면체

사각뿔

오각뿔

원뿔

뿔의 부피 = $\frac{1}{3}$ ×밑면의 넓이×높이

겉넓이와 부피
■ 중등 수학 1-2

모서리 길이	1	2	4	8	16
겉넓이	6	24	16×6=96	8×8×6=384	16×16×6=1536
부피	1	8	4×4×4=64	8×8×8=512	16×16×16=4096
$\dfrac{겉넓이}{부피}$	6	3	1.5	0.75	0.375

정육면체의 부피가 1, 8, 64… 로 커질수록 $\dfrac{겉넓이}{부피}$ 의 값은 6, 3, 1.5…로 작아진다.

닮음비
■ 중등 수학 2-2

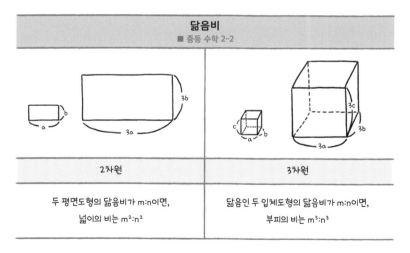

2차원	3차원
두 평면도형의 닮음비가 m:n이면, 넓이의 비는 $m^2:n^2$	닮음인 두 입체도형의 닮음비가 m:n이면, 부피의 비는 $m^3:n^3$

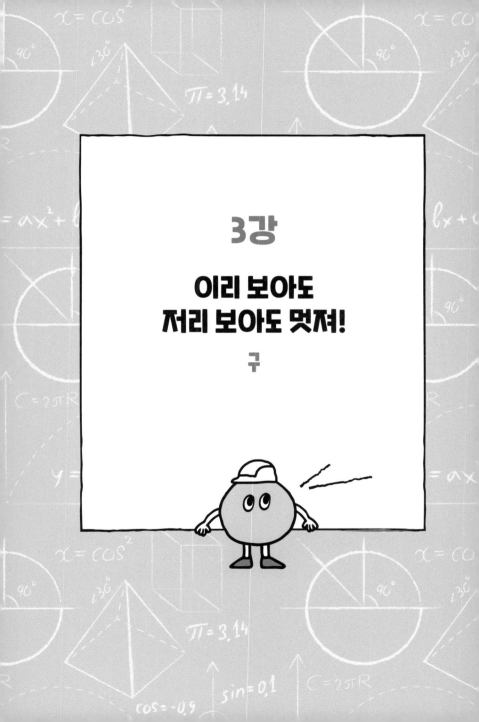

3강

이리 보아도
저리 보아도 멋져!

구

종이 뭉치에서 구의 부피를 구하다

평면에서 한 점으로부터 일정한 거리에 놓인 점들을 모은 '원'이라는 도형이 있지.

공간에서도 한 점으로부터 일정한 거리에 놓인 공간의 점들을 모은 입체도형이 있는데, 이 도형을 구라고 해.

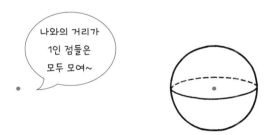

나와의 거리가 1인 점들은 모두 모여~

모든 점을 일정한 거리에 놓여 있게 하는 그 특정한 한 점을 구의 중심, 구의 중심으로부터 구 위의 점까지의 일정한 거리를 반지름이라고 하지. 그런데 구에는 꼭짓점도 모서리도 하나도 없어. 반원의 지름을 지나는 직선을 회전축으로 하여 한번 회전하여 생기는 회전체를 '구'라고 볼 수 있는데, 구는 중심을 지나는 모든 직선이 회전축이 되는 놀라운 대칭성을 갖고 있어.

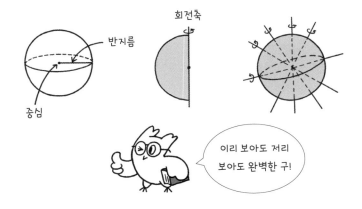

입체도형들은 이 도형의 부피와 겉넓이가 궁금했지만 한눈에 보아도 구하기 쉬워 보이지가 않아서 엄두가 안 났어.

모두 동시에 구원의 눈짓을 보내며 수학 천재 올빼미 올타고라스를 쳐다보자, 올타고라스는 이렇게 말했어.

"이것은 나도 이해하기가 힘들어서 사람들의 도움을 받아 알아냈어. 사람들은 수많은 도형의 놀라운 사실을 생각을 통해 발견했거든. 직접 눈으로 보지도 않은 채 그렇게 놀라운 것들을 발견하는 것을 보면 그들의 상상력은 대단한 것 같아. 아니면 인간의 마음속에는 도형의 모습이 처음부터 있는 것이 분명해. 그래서인지 그들은 구의 부피와 겉넓이를 구하는 방법을 알아냈고 나도 그들에게서 배웠어."

올타고라스는 설명을 시작했어.

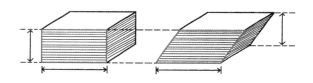

"종이를 차곡차곡 쌓아서 직육면체를 이룬 종이 뭉치가 있다고 생각해봐. 종이 한 장 한 장이 쌓여서 뭉치의 크기를 이루지. 입체를 2차원 평면으로 잘라낸 면을 단면이라고 하는데, 종이 뭉치를 옆으로 기울여도 두 뭉치의 각 단면의 넓이가 같으니, 부피 역시 같겠지.

이제 이 간단한 생각이 가진 놀라운 응용력에 관하여 이야기하려고 해.

종이 뭉치에 관한 이야기를 조금 더 일반적으로 생각해 보면,

'2개의 입체도형이 있을 때, 평행한 평면으로 절단하였을 때마다 두 입체도형의 단면의 넓이가 같으면 두 입체의 부피는 같다'

라고 할 수 있어. 마침 이 생각을 한 사람이 있었는데, 이 사람의 이름을 따서 이 원리를 카발리에 원리라고 해.

사실 놀라운 아이디어는 대부분 알기 쉬운 것을 충분히 이해하는 것에서 시작해. 그래서 내가 이미 알고 있다고 생각하는 것을 깊이 생각하여 생각의 공간을 넓히는 것이 중요하지.

다음 사각뿔에서 사각형을 어떻게 쌓아도 평행한 평면으로 절단된 단면이 같기 때문에 부피가 같아지지. 그래서 사각뿔의 부피는 모양과 상관없이 '$\frac{1}{3}$×밑넓이×높이'가 돼.

마찬가지로 모든 각뿔과 원뿔도 모양과 상관없이 '부피 $= \frac{1}{3} \times$밑넓이$\times$높이'지.

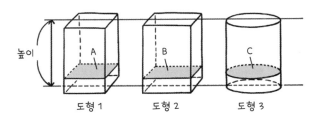

도형 1   도형 2   도형 3

만약 'A의 넓이=B의 넓이=C의 넓이'이면 '도형 1의 부피 =도형 2의 부피=도형 3의 부피'가 되지.

이제 이 원리를 사용하면 구의 부피를 다음과 같이 구할 수 있어. 조금 어렵지만 끝까지 따라와봐. 반지름의 길이가 r인 구의 부피를 구하는 전체적인 구상은 다음의 그림과 같아.

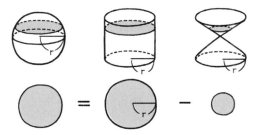

먼저 평행한 평면으로 절단할 때마다

구의 단면의 넓이
= 원기둥의 단면의 넓이-원뿔의 단면의 넓이

이면, 카발리에 원리에 의하여

구의 부피= 원기둥의 부피－원뿔의 부피

가 되지.

이제 그림을 위와 아래로 반으로 나누어 이것이 성립한
다는 것을 보이려고 해.

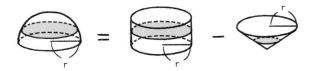

반지름의 길이가 r인 '반구', 반지름의 길이가 r이고 높이
가 r인 '원기둥' 그리고 거꾸로 놓인 밑면의 반지름의 길이
가 r이고 높이가 r인 '원뿔'이 있다고 해.

이제 바닥으로부터 x 높이에 있는 임의의 수평면에 의한 반구의 단면의 넓이, 원기둥의 단면의 넓이, 원뿔의 단면의 넓이를 구하려고 해.

먼저 원기둥의 단면은 반지름의 길이가 r인 원판이니,

$$원기둥의 \ 단면의 \ 넓이 = \pi r^2$$

x 높이에 있는 수평면에 의한 거꾸로 놓인 원뿔의 단면은

반지름의 길이가 x인 원판이니,
$$원뿔의 \ 단면의 \ 넓이 = \pi x^2$$
즉,
$$원기둥의 \ 단면의 \ 넓이 - 원뿔의 \ 단면의 \ 넓이$$
$$= \pi r^2 - \pi x^2 = \pi(r^2 - x^2)$$

이제 반구의 단면의 넓이를 구해볼게. x 높이에 있는 수

평면에 의한 반구의 단면인 원판의 반지름을 a라고 하면,
피타고라스의 정리를 사용해 a를 구할 수 있겠지.

$x^2+a^2=r^2$. 즉 $a^2=r^2-x^2$이니, $a=\sqrt{r^2-x^2}$.

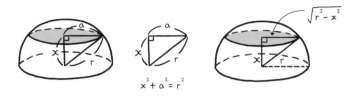

그래서, 반구의 단면의 넓이는 $\pi a^2 = \pi(r^2-x^2)$.
그러니 바닥과 평행한 평면을 어떻게 잡더라도,
그 평면에 의하여 절단된

반구의 단면의 넓이
= 원기둥의 단면의 넓이 − 원뿔의 단면의 넓이

라는 것이 항상 성립하잖아. 그래서 카발리에 원리에 의
하여

반구의 부피 = 원기둥의 부피 − 원뿔의 부피

가 되는 거지. 그래서,

$$반구의 부피 = 원기둥의 부피 - 원뿔의 부피$$
$$= \pi r^2 \times r - \frac{1}{3}\pi r^2 \times r = \frac{2}{3}\pi r^3$$

다시 한번 보니,

원뿔의 부피:반구의 부피:원기둥의 부피

$= \frac{1}{3}\pi r^3 : \frac{2}{3}\pi r^3 : \pi r^3 = 1 : 2 : 3$ 이니, 1+2=3인 꼴이지 뭐야.

그럼 반지름의 길이가 r 인 구의 부피는 다음과 같지.

$$구의 부피 = 반구의 부피 \times 2 = \frac{2}{3}\pi r^3 \times 2 = \frac{4}{3}\pi r^3."$$

너무 재밌어! 구에 대해 더 많은 것을 알고 싶어!

그럼 계속 내 이야기에 귀를 기울여줘~

구의 겉넓이
– 구를 아주 잘게 자르면?

"구의 겉넓이는 어떻게 구할까?"

　도형들의 질문에 어떻게 설명해야 할지 고민하던 올타고라스는 한참 생각을 가다듬는 듯하더니, 이내 이야기를 시작했어.

　"구의 겉넓이를 구하기 위해서,

　반지름의 길이가 r인 구를 아래 그림과 같은 방법으로 여러 조각으로 자르면, 각 조각은 밑면은 곡면이지만, 높이가 r인 사각뿔과 비슷한 모양이 되지. 그런데 잘게 자르면 자를수록 더 많은 조각으로 나뉘고, 각 조각의 밑면도 평면에 가까워지지.

구를 무수히 많은 조각으로 잘랐다고 가정하면, 곡면이 평면에 가까워져.

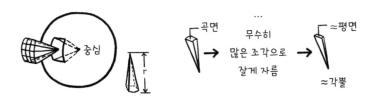

구의 부피 = 조각난 모든 사각뿔의 부피의 합

= $\frac{1}{3}$ ×(조각난 모든 사각뿔의 밑넓이의 합)×r

조각난 모든 사각뿔의 밑넓이의 합이 구의 겉넓이와 같으니,

= $\frac{1}{3}$ ×(구의 겉넓이)×r

앞에서 반지름의 길이가 r인 구의 부피가 $\frac{4}{3}\pi r^3$이라고 배웠으니까,

$$\frac{4}{3}\pi r^3 = \frac{1}{3}×(구의\ 겉넓이)×r,$$

그러므로 구의 겉넓이= $4\pi r^2$. 즉,

반지름의 길이가 r인 구의 겉넓이= $4\pi r^2$이지."

이로써 도형들은 구의 겉넓이와 부피를 구하는 방법을 알게 되었어.

계속해서 올타고라스는 설명을 이어갔어.

"그런데 여기서 끝이 아니고 내가 들은 이야기가 더 있어.

반지름의 길이가 r인 구의 부피 = $\frac{1}{3} \times$(구의 겉넓이)$\times r$

이었잖아. 한편으로 2차원인 원의 넓이를 다음과 같이 쓸 수도 있지.

$$\text{반지름의 길이가 } r\text{인 원의 넓이}= \pi r^2$$
$$= \frac{1}{2} \times 2\pi r \times r$$
$$= \frac{1}{2} \times \text{(원의 둘레의 길이)} \times r$$

이제 상상해봐. n차원 공간에 놓인 한 점으로부터 거리가 r인 점들을 모은 입체도형을! 그 도형을 n차원 공간에

놓인 반지름이 r인 구라고 하면,

n차원 공간에 놓인 구의 부피= $\frac{1}{n} \times$ (n차원 공간에 놓인 구의 겉넓이)$\times r$

가 성립한다고 해. 어때 멋지지 않아? 뿔에서처럼 n은 그 도형이 놓인 곳의 차원을 반영하고 있지. 그래서 원에서는 2이고, 구에서는 3이 나오는 거야."

도형들은 어렵다고만 생각하고 포기했더라면 알지 못했을 수학의 아름다운 원리를 깨닫게 되니 벅차오르는 기쁨과 수학에 대한 설렘이 그들 마음을 가득 채웠어. 그러면서 수학을 공부하는 학생들도 어렵더라도 이해하여 같은 마음을 느낄 수 있기를 소망했지.

비눗방울은 왜 동그랄까?

평면에서 같은 넓이를 갖는 도형 중에서 둘레의 길이가 가장 짧은 도형이 무엇이었는지 기억나? 맞아. 바로 원이었지.

2차원 원에 대한 이야기는 『이런 수학은 처음이야 1』에 나와!

그렇다면 같은 부피를 가질 때 어떤 입체도형이 최소의 겉넓이를 가질까?

이 궁금증을 해결하기 위해 같은 부피를 가진 구, 원기둥, 원뿔이 모여서 겉넓이를 구해 비교해보기로 했어. 반지름의 길이가 r인 구의 부피는 $\frac{4}{3}\pi r^3$이지. 이것에 맞추어 똑같은 부피 $\frac{4}{3}\pi r^3$를 가진, 밑면의 반지름의 길이가 r이고 높이 $\frac{4}{3}r$인 원기둥과 밑면의 반지름의 길이가 $2r$이고 높이 r인 원뿔이 모였어.

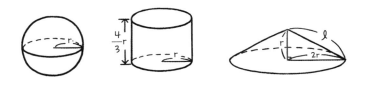

세 도형의 겉넓이를 구해보자고. 우선 원기둥이야.

원기둥의 겉넓이= (밑넓이)×2 + (옆넓이)
$$= \pi r^2 \times 2 + 2\pi r \times \frac{4}{3}r = \frac{14}{3}\pi r^2$$

이제 원뿔의 겉넓이= (밑넓이) + (옆넓이)이고,

(옆넓이) $= \frac{1}{2} \times 4\pi r \times$ (원뿔의 모선의 길이)인데, 원뿔의 모선의 길이 l은 피타고라스의 정리를 이용하여 구할 수 있어.

$$l^2 = (2r)^2 + r^2$$

$$l = \sqrt{5}\, r$$

원뿔의 겉넓이 =(밑넓이) + (옆넓이)

$$= 4\pi r^2 + \frac{1}{2} \times 4\pi r \times l = 4\pi r^2 + 2\sqrt{5}\,\pi r^2$$

$$= (4 + 2\sqrt{5}\,)\pi r^2$$

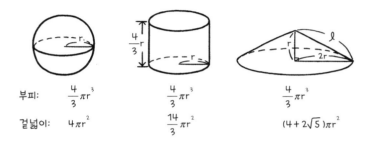

부피: $\dfrac{4}{3}\pi r^3$ $\dfrac{4}{3}\pi r^3$ $\dfrac{4}{3}\pi r^3$

겉넓이: $4\pi r^2$ $\dfrac{14}{3}\pi r^2$ $(4 + 2\sqrt{5}\,)\pi r^2$

$4 < \dfrac{14}{3} < (4 + 2\sqrt{5}\,)$ 이니, 구의 경우가 가장 겉넓이가 작다는 것을 알 수 있지?

구와 같은 부피를 가진 어떤 입체도형을 비교하더라도 구가 그 도형보다 겉넓이가 작아. 다른 방법으로 설명할 수도 있지만 그건 지금 이해하기에는 어려울 것 같아. 여기서는 같은 부피를 갖는 입체도형 중 최소의 겉넓이를 갖는 도형이 바로 구라는 것만 염두에 두자.

풀잎에 맺히는 이슬이나 비눗방울이 왜 구의 모습을 하고 있는지 생각해본 적 있어? 이것이 위에서 설명한 것과 관련이 있다는 것을 알면, 또 한 번 수학에 대해서 놀라고 수학을 배우고 싶어질걸?

이슬이나 비눗방울에는 막이 있지. 그래서 햇빛에서 보면 이 막 때문에 무지개 색을 볼 수도 있지. 이 막은 탄력성이 있어서 그 안에 있는 물이나 공기를 보존하면서 막을 잡아당기게 되어 결국은 가능한 가장 작은 표면적을 갖게 되어 있어. 안에 있는 물이나 공기는 일정한 부피를 차지하고 있고, 같은 부피를 가진 입체도형에서 가장 작은 표면적을 갖는 도형이 구이므로 이슬이나 비눗방울들이 구의 모양을 띠게 되는 거야. 경제적이라고 해야 할까, 효율적이라고 해야 할까.

이슬과 비눗방울이 말을 할 수 있다면 이런 이야기를 하겠지.

"안에 있는 물을 뺏기기 싫어. 뺏기지 않으려면 물이 증발하게 하는 표면을 최소로 줄여야 하니 모양을 공처럼 만들자."

어때? 자연 현상도 나름대로 수학의 합리성을 이용하고

있지?

곰이나 다람쥐 등과 같은 동물이 몸을 구 모양으로 웅크리고 겨울잠을 자는 것도 수학과 관계가 있어. 동물들도 공처럼 웅크려서 표면적을 최대한 줄여야 열의 방출이 최소화된다는 것을 본능적으로 알고 있기 때문이겠지.

이렇게 자면
더 따뜻해...zzz

그렇다면 추운 지방에 사는 동물들의 모습은 어떠한 모습을 띨까? 당연히 둥그스름한 모습이 아닐까?

추운 지방에 갈수록 열의 방출을 막기 위해서는 그것이 유리하니까 말이야. 앞서 부피 부분에 이야기했듯이 크기가 커질수록 $\frac{겉넓이}{부피}$ 의 값이 작아지니, 추운 지방에 갈수록 크고 둥그런 모습을 한 동물이 많은 거지.

나는 추운 지방에
사는 흰고래!

나는 북극에 사는
하프물범!

각의 크기를 표시하는 다른 방법, 호도법

올빼미 올타고라스가 이번에는 평평한 평면의 세상이 아닌 다른 세상에 대한 이야기를 계속 해주고 싶다고 했어. 그 세상을 쉽게 이해하기 위해서는 우선 호를 이용해서 각을 표시하는 방법을 이해해야 한다며 설명을 시작했지.

"보통 각의 크기를 나타내기 위하여 30°, 120°, 360°…처럼 도(°) 단위를 생각했지. 이를 각도법 혹은 육십분법이라고 해. 그런데 원에서 중심각을 그려보면 각의 크기가 클수록 대응하는 호의 길이도 커져."

녹색으로 표시된 각의 크기 〈 회색으로 표시된 각의 크기
녹색으로 표시된 호의 길이 〈 회색으로 표시된 호의 길이

　이런 생각을 바탕으로 위 그림처럼 중심각의 크기를 호의 길이를 이용하여 표시할 수 있어.
　그런데 원의 반지름의 길이가 길어질수록 같은 중심각이라도 호의 길이가 길어지잖아. 그렇지만 닮음에 대한 비례관계로 인해 같은 중심각일 때 원의 크기와 상관없이 '호의 길이÷반지름의 길이'는 항상 같아. 반지름의 길이가 1이면 비의 값이 곧 호의 길이의 값이 되니까, 반지름이 1인 원을 택해 중심각의 크기에 대응하는 호의 길이의 값으로 각의 크기를 표시할 수 있어.

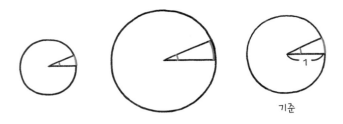

기준

이런 방법을, 호의 크기로 각도를 정한다고 해서 호도법
circular measure이라고 불러.

호: 호의 크기로
도: 각도를 정하는
법: 방법

다시 말해, 호도법이란 각의 크기를 나타내는 한 방법으로, 부채꼴의 중심각이 호의 길이에 비례하는 것을 이용하는 거야. 호도법은 $\dfrac{\text{호의 길이}}{\text{반지름의 길이}}$ 로 나타내기 때문에 길이의 단위가 약분되므로, m, cm 등의 어떤 단위도 없는 실수(유리수와 무리수)가 돼. 즉 호도법에서는 도($°$) 표시가 없다는 것을 명심해.

원을 한 바퀴 도는 각도가 360°이고 반지름이 1인 원의

둘레가 2π니까,

$$360° \Leftrightarrow 2\pi \text{ (호도법)}$$

즉 원의 중심각 360°를 호도법으로 2π라고 약속하는 거야. 그러면 360°의 절반인 180°는 호도법으로 읽으면 2π의 반인 π가 되지. $180° \Leftrightarrow \pi$. 마찬가지로 $90° \Leftrightarrow \frac{\pi}{2}$, $60° \Leftrightarrow \frac{\pi}{3}$ 등으로 나타내겠지? 임의의 각 $x°$를 호도법으로 나타내면 $(\frac{x}{180})\pi$ 이지. x에 다양한 각도를 넣어보면 다음과 같이 나와.

0°	30°	45°	60°	90°	180°	270°	360°
0	$\frac{\pi}{6}$	$\frac{\pi}{4}$	$\frac{\pi}{3}$	$\frac{\pi}{2}$	π	$\frac{3\pi}{2}$	2π

앞으로 호도법을 사용해보면, 호도법이 각을 표현하는 매우 편리한 방법이라는 것을 알게 될 거야.

신비로운 구 위의 세계

올빼미 올타고라스는 이야기를 이어갔어.

"사람이 사는 둥근 지구 표면에서도 평면에서 적용되는 원리들이 똑같이 적용될까?"

다음과 같은 재미있는 퀴즈가 있어. 여러분도 설명대로 그려가며 한번 풀어봐.

어떤 탐험가가 베이스캠프에서 남쪽으로 $50Km$ 갔다가 동쪽으로 $50Km$ 가서 다시 북쪽으로 $50Km$를 갔는데, 원래의 위치인 베이스캠프로 돌아왔어. 그렇다면 베이스캠프가 있는 곳은 어떤 색깔을 띨까?

이 설명대로 평면상에 그림을 그렸다면 분명 "어? 이게 뭐지? 어떻게 베이스캠프로 왔지?"라고 했을 거야. 이러한 현상은 평평한 평면 세상에서는 있을 수 없는 일이니까. 그렇다면 생각의 전환이 필요하지. 평면이 아니라고 가정한다면? 가능한 일이지. 지구는 평평한 평면이 아니고 구와 같다는 것이고 이것이 바로 퀴즈의 힌트가 되겠지.

이제 답을 찾았어? 맞아. 베이스캠프는 북극에 있고, 북극은 항상 얼음으로 덮여 있으므로 정답은 바로 '하얀색'이야.

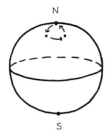

이제 구에서 일어나는 기하의 세상을 탐험해보려고 해. 다음 그림과 같이 평면 위에 놓인 구를 생각해보자. 그리고 평면과 평행인 수평면도 같이 생각해봐.

수평면의 가장 위에서는 구와 한 점에서 만나다가, 수평면이 아래로 내려오면 수평면에 닿는 구의 단면이 원이 되겠지. 수평면이 내려오면서 단면인 원은 점점 커지다가, 수평면이 구의 중심을 지날 때 최대의 크기의 원이 되었다가, 다시 점점 작아지면서 마지막에는 한 점이 되지. 이때 가장 큰 크기의 원을 대원이라고 하고, 위아래의 점을 접점이라고 불러.

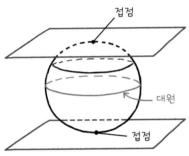

대원은 구의 중심을 지나는 평면과 구의 교점들로 이루어진 도형이지. 대원의 반지름은 항상 구의 반지름과 같으므로, 모든 대원의 크기는 같아. 그리고 구의 임의의 두 점을 지나는 대원은 항상 존재해. 왜냐하면 구의 두 점과 원의 중심이 세 꼭짓점이 되는 삼각형을 품는 평면을 생각하고, 아울러 그 평면에 의한 구의 단면을 생각해보면, 그 단면이 대원이 되지. 그럼 구의 임의의 두 점을 잇는 최단 거리는 이 두 점을 지나는 대원을 따르는 길의 길이가 돼. 그

래서 구면에서는 직선을 대원으로 생각해.

반지름의 길이가 1인 구를 생각해보자. 앞에서 이 구의 겉넓이는 4π이라는 것을 알았지.

이제 2개의 대원이 만났을 때 생기는 부분의 넓이를 구해보려고 해.

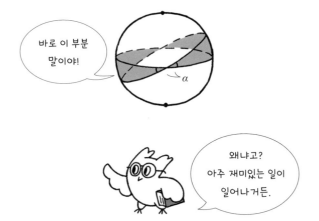

바로 이 부분 말이야!

α

왜냐고? 아주 재미있는 일이 일어나거든.

구 위에 놓인 삼각형은 뭐가 다를까?

반지름의 길이가 1인 구 위에 놓인 내각의 크기가 각각 α, β, γ인 삼각형의 넓이를 구해보려고 해. 앞으로 각도는 호도법을 이용할 거야. 그리고 이 구의 겉넓이가 4π라는 것을 기억해두면 좋아.

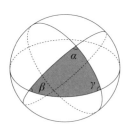

앞으로 다음 그림에서 색칠한 부분을 각α-덮개라고 부를 거야. 우선 각α-덮개의 넓이를 구하는 거야. 차근차근 설명해줄게.

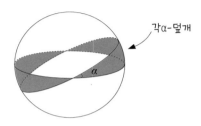

각α-덮개

우선 α가 직각, 즉 호도법에 따라 $\frac{\pi}{2}$인 경우에 각$\frac{\pi}{2}$-덮개의 넓이를 구해볼까? 아래 그림에서 초록 부분이야. 여기에서는 α= $\frac{\pi}{2}$이니, 각α-덮개를 '각$\frac{\pi}{2}$-덮개'라고 부를게. 구의 겉넓이는 4π이고, 각$\frac{\pi}{2}$-덮개가 구의 표면의 절반을 덮었으니 각$\frac{\pi}{2}$-덮개의 넓이는 $\frac{4\pi}{2}$ = 2π이네.

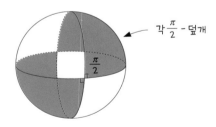

각 $\frac{\pi}{2}$ - 덮개

같은 방법으로 α가 45°, 즉 호도법으로 $\frac{\pi}{4}$인 경우에는 '각 $\frac{\pi}{4}$-덮개'가 구의 표면의 $\frac{1}{4}$을 덮게 되니, 각 $\frac{\pi}{4}$-덮개의 넓이 는 $\frac{4\pi}{4} = \pi$이네.

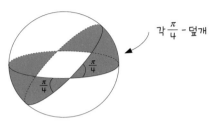

각 $\frac{\pi}{4}$ - 덮개

즉,

각 $\frac{\pi}{4}$-덮개의 넓이 $\rightarrow \pi$

각 $\frac{\pi}{2}$-덮개의 넓이 $\rightarrow 2\pi$ 이니, 유추해보면

각α-덮개의 넓이 $\rightarrow 4\alpha$가 되는 거지.

이제, 반지름이 1인 구 위에 놓인 내각의 크기가 각각 α, β, γ인 삼각형 A의 넓이를 S라 하고, S를 다음의 절차에 따라 구해보자.

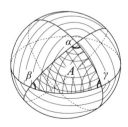

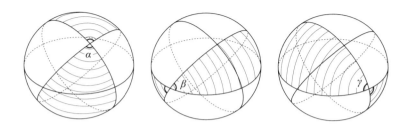

각α-덮개의 넓이$= 4\alpha$, 각-β덮개의 넓이$= 4\beta$, 각γ-덮개의 넓이$= 4\gamma$

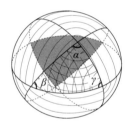

그런데 각α-덮개와 각-β덮개와 각γ-덮개를 다 합치면 구를 다 덮게 되지만, 넓이가 S인 삼각형 부분은 겹쳐서 세 번 덮게 되지. 잘 보면 구의 반대쪽에도 똑같은 삼각형이 있는데 그 삼각형도 세 번 덮게 돼. 그래서 각α-덮개와 각-β덮개와 각γ-덮개의 넓이를 다 합친 다음 삼각형의 넓이 S를 4번 빼야 구의 겉넓이가 되지.

즉,

각 α-덮개의 넓이＋각-β덮개의 넓이＋각 γ-덮개의 넓이－4S= 구의 겉넓이

구의 겉넓이=4π이니,

4α+4β+4γ−4S= 4π. 그러므로 우리가 구하고자 하는 삼각형의 넓이는 다음과 같아.

$$S= \alpha+\beta+\gamma-\pi$$

이 결과는 구 위에 있는 삼각형의 내각의 크기를 합친 값이 삼각형의 넓이를 결정한다는 것을 의미하지.

이 결과가 정말로 놀라운 것은 구면 위에서는 삼각형의 각도만 알면 면적을 구할 수 있다는 것이야. 그리고 $S= \alpha+\beta+\gamma-\pi$의 결과로부터 다음과 같은 사실도 알 수 있어.

(1) 삼각형의 넓이 S는 항상 양수이므로, $\alpha+\beta+\gamma-\pi \rangle 0$.

삼각형의 내각의 크기를 합한 값에서 π를 뺀 값이 항상 0보다 크다는 건 무슨 뜻일까? 모든 삼각형의 내각의 크

기의 합은 π보다 크다는 뜻이지. 호도법 π를 육십분법인 180°로 표현하면

구 위에서는 모든 삼각형의 내각의 크기의 합은 180°보다 크다.

또한,
(2) 삼각형의 내각의 크기의 합이 클수록 삼각형의 넓이는 커진다.
(3) 삼각형의 내각의 크기의 합이 180°에 가까워질수록 삼각형의 넓이는 작아진다.
(4) 삼각형의 모양이 어떠하더라도 내각의 크기의 합이 같은 모든 삼각형은 넓이가 같다.

두 삼각형에서 세 대응각의 크기가 각각 같으면 서로 닮음이라고 하잖아. 그런데 구면 위에서는 두 삼각형이 닮음이면 세 대응각의 크기가 각각 같으니 내각의 크기의 합이 같고, 그래서 두 삼각형의 넓이도 같아지지.
그리고 닮음이니까 두 삼각형의 세 대응변의 길이가 비

례하는데, 넓이가 같으니 세 대응변의 길이가 같을 수밖에 없지. 그러니

구 위에서는 두 삼각형이 닮음인 경우는 합동인 경우밖에 없어.

직사각형은 네 내각의 크기가 모두 직각인 사각형을 말하잖아. 즉 내각의 크기의 합이 360°이지. 그런데 사각형은 대각선을 따라 2개의 삼각형으로 나누어져. 구면 위에서는 각각의 삼각형의 내각의 합은 180°보다 크니까, 두 삼각형의 내각을 합한 사각형의 내각의 합은 항상 360°보다 커져. 그러므로,

구 위에서는 직사각형이 존재하지 않아.

또한 평면기하에서는 삼각형의 넓이를 아래와 같이 구하지.

$$삼각형의\ 넓이 = \frac{1}{2} \times 밑변의\ 길이 \times 높이$$

그러면 구 위에서의 삼각형의 넓이도 앞의 방법으로 구할 수 있을까?

예를 들어 반지름이 1인 구 위에 놓인 세 내각이 모두 직각, 즉 $\frac{\pi}{2}$인 삼각형의 넓이는 위의 식$(S = \alpha + \beta + \gamma - \pi)$에 의하여 $\frac{\pi}{2} \times 3 - \pi = \frac{\pi}{2}$.

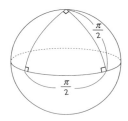

다른 방법으로는 세 내각이 모두 직각인 삼각형은 구의 $\frac{1}{8}$을 차지하니까,

삼각형의 넓이 = 구의 겉넓이 $\times \frac{1}{8} = 4\pi \times \frac{1}{8} = \frac{\pi}{2}$ 임을 알 수 있지.

그런데 만약 구면에서도 '삼각형의 넓이 = $\frac{1}{2} \times$밑변의 길이$\times$높이'가 성립한다면

$\frac{1}{2} \times$밑변의 길이$\times$높이 $= \frac{1}{2} \times \frac{\pi}{2} \times \frac{\pi}{2} = \frac{\pi^2}{8}$ 인데, $\frac{\pi^2}{8} \neq \frac{\pi}{2}$.

구면 위에서는 삼각형의 넓이를 '$\frac{1}{2} \times$밑변의 길이 $\times$높이' 방식으로는 구할 수 없는 거지.

또한, 한 각이 직각인 삼각형을 직각삼각형이라고 하니, 앞의 삼각형은 직각삼각형이지. 그런데 평면기하에서 피타고라스의 정리는 직각삼각형의 빗변의 길이의 제곱이 나머지 두 변의 길이의 제곱의 합과 같다는 정리였잖아. 그러면 앞의 삼각형에서 피타고라스의 정리가 성립할까? 앞의 삼각형은 직각삼각형이면서 세 변이 모두 같으니 당연히 피타고라스의 정리를 만족하지 않지. 그래서 구면 위에서는 직각삼각형에 대하여 피타고라스의 정리가 성립하지 않아.

자, 그럼 정리해볼까?

구면 위에서는
1. 임의의 삼각형의 내각의 크기의 합은 180°보다 크다.
2. 두 삼각형이 닮음인 경우는 합동인 경우밖에 없다.
3. 직사각형이 존재하지 않는다.
4. 삼각형의 넓이를 '$\frac{1}{2}$ ×밑변의 길이×높이' 방식으로 구할 수 없다.

5. 임의의 직각삼각형에서 피타고라스의 정리가 성립하지 않는다.

그런데 반지름이 1이 아닌, 구 위에 있는 삼각형의 넓이를 구할 수 있을까?

물론 있지. 닮음의 성질을 이용하면 돼.

이제 반지름이 r인 구 위에 있는 삼각형을 생각해보자.

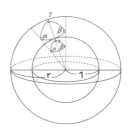

모든 구는 닮은 도형이고, 닮은 도형에서 닮음비가 $m:n$이면 넓이의 비는 $m^2:n^2$이잖아.

반지름이 1인 구와 반지름이 r인 구의 닮음비가 $1:r$이니, 반지름이 1인 구와 반지름이 r인 구 위에 놓인 닮음 삼각형의 넓이의 비는 $1:r^2$.

즉, 반지름이 r인 구 위에 있는 내각의 크기가 각각 α, β, γ인 삼각형의 넓이를 A라고 하면,

$$A = (\alpha + \beta + \gamma - \pi)r^2$$

예를 들어, 반지름이 1인 구 위에 있는, 내각의 크기가 모두 직각인 삼각형의 넓이는 $\frac{\pi}{2} \times 3 - \pi = \frac{\pi}{2}$ 이니까, 반지름이 r인 구 위에 있는 내각의 크기가 모두 직각인 삼각형의 넓이는 $\frac{\pi}{2}r^2$이 되겠지.

비유클리드 기하
-공간이 만들어낸 오묘한 세계!

이제 평면기하와 구면기하의 차이를 정리해볼까?

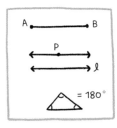 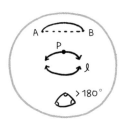

평면에서 두 점 A, B를 잇는 최단 거리의 선은 직선의 일부지만, 곡면 위에서는 두 점 A, B를 잇는 최단 거리의 선은 두 점을 잇는 대원의 일부지.

평평한 평면에서는 한 직선 l과 l 위에 있지 않은 한 점 P에 대하여 P를 지나 직선 l과 평행인 직선이 유일하게 존재하는데, 이것을 유클리드의 평행공리라고 해. 그런데 구 위에는 평행선이 없으니 유클리드의 평행공리가 성립하지 않아.

그리고 평면에서 삼각형의 내각의 크기의 합은 180°이지만, 곡면 위에서는 삼각형의 내각의 크기 합이 180°보다 크지.

잘 생각해봐. 이러한 현상은 평면과 구면에서의 직선의 개념의 차이 때문에 발생한 거야.

평면과 구면 이외에도 다음과 같은 신기한 공간이 있어. 곡면의 모습이 말 안장의 윗부분과 비슷하다 하여 말 안장 곡면이라고 부르기도 하고 쌍곡선 모양과 연관이 있다 하여 쌍곡면이라고도 부르지. 그리고 이 쌍곡면에서 이루어지는 기하를 쌍곡기하라고 해. 이 곡면에서 직선은 구면 위에서 와는 반대로 안으로 굽은 모양의 선이 되고, 여기서 삼각형을 그리면 안으로 굽은 모양의 삼각형이 만들어지지.

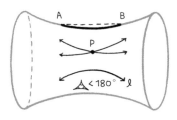

그런데 이 오목한 곡면 위에서 삼각형의 내각의 크기 합은 항상 180°보다 작아. 또한 이 오목한 곡면 위에서는 한 직선 *l*과 *l* 위에 있지 않은 한 점 *P*에 대하여, *P*를 지나 직선 *l*과 평행인 직선이 무수하게 많이 있어.

이러한 직선의 특징 때문에 구 위에서와 같이 쌍곡기하에서도 직사각형이 존재하지 않고, 두 삼각형이 닮음인 경우는 합동인 경우밖에 없으며, 직각삼각형에서 피타고라스의 정리가 성립하지 않아. 그리고 삼각형의 넓이도 '$\frac{1}{2}\times$ 밑변의 길이 $\times$높이' 방식으로는 구할 수 없어.

정리하자면, 다음의 성질은 오목하거나 볼록한 표면이 아닌 평평한 평면기하에서만 성립하는 거야.

1. 임의의 삼각형의 내각의 크기의 합은 180°이다.

2. 직사각형이 존재한다.

3. 합동이 아닌 닮은 삼각형이 존재한다.

4. 임의의 직각삼각형에서 피타고라스의 정리가 성립한다.

5. 삼각형의 넓이= $\frac{1}{2}$ ×밑변의 길이×높이.

이것은 평면기하가 다른 기하와 차별화되는 핵심적이고 본질적인 성질이야. 때문에 중학교 수학의 평면기하에서 이 내용을 중요하게 배우는 거야. 학교에서 배우는 내용을 선택할 때는 다 이유가 있어. 소중하고 의미 있는 내용이기 때문이지. 이 사실을 꼭 마음속에 두기를 바라.

경계에선 꽃이 핀다

보통 평평한 평면기하을 유클리드 기하라고 부르고, 평평한 평면기하가 아닌 구면기하나 쌍곡기하을 비유클리드 기하라고 불러.

『이런 수학은 처음이야 1』에서 어떤 것을 다른 것과 구분할 때 필요한 것이 바로 테두리, 즉 경계라고 했지.

실제 수학에서 경계가 중요한 이유는 경계 때문에 각 도형의 이름과 특징이 생기기 때문이야. 다시 말해, 각 도형의 정체성이 경계에 의해 결정되는 거지. 예를 들어 삼각형의 경계는 세 변이지. 그런데 평면 위에서는 변이 직선의 일부분이잖아.

앞에서 탐구하였듯이 삼각형의 세 내각의 크기의 합이 180°라는 성질은 어떤 상황에 관계 없이 항상 적용될 수 있는 것이 아니야.

삼각형의 내각의 크기의 합이라는 삼각형의 중요한 정체성도 표면의 상황에 따라서 직선의 개념이 바뀌기 때문에 변하게 되었지.

삼각형이 평평한 표면에 있을 때는 삼각형의 내각의 크기의 합이 180°이지만, 볼록한 표면에 삼각형이 있다면 삼각형의 내각의 크기의 합이 180°보다 크고, 오목한 표면에 있다면 삼각형의 내각의 크기의 합이 180°보다 작지. 즉 삼각형이 놓인 표면의 상황에 따라서 삼각형의 경계의 정체성이 바뀌는 거야.

어떤 것의 '경계'라는 것이 '어떤 것을 어떤 것'이게 하는 것이라고 할 때, 도형을 도형답게 하는 것이 도형의 경계지. 우리에게도 나를 나답게 하는 '나의 경계'가 있지. 이 경계는 나를 이루는 정체성이기 때문에 도형에서만큼이나 나에게 중요한 부분이야.

그러나 때로는 상황에 따라 경계의 조건을 바꾸는 것이 필요해. 엄밀한 도형인 삼각형도 놓인 상황에 따라 경계의 조건을 바꾸지. 그 결과 이 경계에서 아인슈타인의 상대성 이론을 낳은, 비유클리드 기하라는 풍요로운 수학의 꽃이 폈어.

이것은 우리 사람에게도 적용될 수 있어.

나의 나됨에 집착해 상황을 고려하지 않고 고집불통이 되는 사람이 있어. 그렇게 되면 자신이 가진 모습에 갇혀 더 이상의 발전이나 변화가 없어지기도 하고, 그 경직성 때문에 주변 사람들을 이해하지 못하고, 자신의 잣대로 다른 사람을 바라보며 상대방을 힘들게 할 수도 있어. 보다 성숙해지고 자신을 확장하기 위해서는 나를 나답게 하는 경계와 더불어 상황에 따른 유연함을 발휘할 필요도 있어.

도형이 자신의 경계의 조건을 확장시켜 아름다운 꽃을 피웠듯이 나를 구분 짓는 경계에 대한 유연한 탄력성을 발휘한다면 우리도 앞으로 성숙한 인격의 꽃이 피지 않을까? '모든 경계에는 꽃이 핀다'고 어떤 시인이 말했듯이.

구
■ 중등 수학 1-2

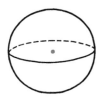

공간에서 특정한 한 점으로부터 일정한 거리에 놓인 공간의 점들을 모은 입체도형. 그 특정한 한 점을 구의 중심, 구의 중심으로부터 구의 점까지의 일정한 거리를 반지름이라고 한다.

구의 부피와 겉넓이
■ 중등 수학 1-2

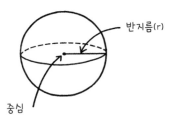

반지름(r)

중심

$$구의 \ 부피 = \frac{4}{3}\pi r^3$$

$$구의 \ 겉넓이 = 4\pi r^2$$

호도법

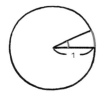

호의 크기로 각도를 정하는 방법.
반지름이 1인 원을 택하여 중심각의
크기에 대응하는 호의 길이의 값으로
각의 크기를 표시한다.

0°	30°	45°	60°	90°	180°	270°	360°
0	$\dfrac{\pi}{6}$	$\dfrac{\pi}{4}$	$\dfrac{\pi}{3}$	$\dfrac{\pi}{2}$	π	$\dfrac{3\pi}{2}$	2π

평면기하, 구면기하, 쌍곡기하

	평면기하	구면기하	쌍곡기하
삼각형 내각의 합	180°	180°보다 크다	180°보다 작다
직사각형	존재한다	존재하지 않는다	존재하지 않는다
합동이 아닌 닮은 삼각형	존재한다	존재하지 않는다 (합동인 삼각형만 있다)	존재하지 않는다 (합동인 삼각형만 있다)
삼각형의 넓이	$\dfrac{1}{2}$×밑변의 길이×높이	'$\dfrac{1}{2}$×밑변의 길이×높이'로 구할 수 없다	'$\dfrac{1}{2}$×밑변의 길이×높이'로 구할 수 없다
피타고라스의 정리	성립한다	성립하지 않는다	성립하지 않는다

신비의 방
- 수학 머리가 쑥쑥 자라는 가장 수학적인 이야기

신비의 방에는 오랜 기간 수학을 연구한 거북이가 있었어. 독일의 수학자 가우스의 이름을 따서 '거우스 박사'라는 별명으로 불렸지. 그는 수학에 대하여 깊이 알 뿐 아니라 인간들의 수학 발전의 역사에 대해서도 꿰뚫고 있어.

수학이 궁금해?
나에게 물어봐!

거북이 거우스 박사는 이해하기만 하면 게임보다도 훨

씬 재미있는 수학을 많은 이들이 이해했으면 좋겠다는 마음으로 수학 전도사의 역할을 자처하고 있었어. 항상 누군가가 수학에 대해 물어보면 신이 나서 설명을 하곤 했지. 그 소문을 들은 도형들과 올빼미 올타고라스가 다면체의 외각의 크기의 합이 720°가 되는 이유에 대해 물어봤어.

그러자 그는 깜짝 놀라며 "이렇게 어려운 수학 내용을 물어보는 것을 보니 너희들은 수학에 대해 많은 것을 이해하고 있음이 분명하다"고 말했어. 그는 흐뭇해서 더 열심히 설명하기 시작했어.

"자 우선, 너희들의 질문에 대한 답을 설명하기 위해서 다음 것부터 차근차근 설명해줄게."

관점

거우스 박사가 말했어.

"이제 내가 배운 인간들의 생각들을 설명해줄게."

"다음 그림들 중 가운데 있는 것은 17세기 스페인의 궁중 화가 벨라스케스가 그린 〈시녀들〉이라는 그림이야. 그가 이 그림을 그린 이후 많은 미술가가 이 그림을 자신만의 시각으로 다시 그렸는데, 위쪽 그림은 입체주의 화가 피

피카소의 관점

원래 그림

달리의 관점

138

카소가 그린 것이고, 아래쪽 그림은 초현실주의 화가 살바
도르 달리가 그린 그림이야. 같은 그림도 어떠한 관점으로
보느냐에 따라서 이토록 다르게 표현되지.

　이제 인간들이 다면체를 어떠한 관점으로 보았느냐에
대한 이야기를 하려고 해."

데카르트가 본 다면체의 관점
"먼저 데카르트 이야기부터 해볼까?

　다각형의 외각의 크기의 합은 변의 수에 관계없이 항상
360°이니 다면체에도 이와 유사한 성질이 있지 않을까 하
고 데카르트라는 수학자가 생각했어.

　우선 그는 다각형의 면들로 둘러싸인 다면체에서 한 꼭
짓점에서의 외각의 크기와 다면체의 외각의 크기의 합을
다음과 같이 정했어.

　(1) 한 꼭짓점에서의 외각의 크기=360°−(한 꼭짓점에
　　모인 다각형들의 그 점에서의 내각의 크기의 합)
　(2) 다면체의 외각의 크기의 합=각 꼭짓점에서의 외각
　　의 크기의 총합

실은 다면체에서 한 꼭짓점의 외각을 보통 결손 각_{angular}
·defect이라고 부르는데, 여기서는 평면도형과의 연계성을 위
하여 결손 각을 외각이라고 부를 거야.

정육면체의 경우를 살펴볼까?

한 꼭짓점에서의 외각의 크기를 구해보면, 한 꼭짓점에
모인 정사각형이 3개이고 그 꼭짓점에서의 정사각형의 내
각의 크기는 직각 90°이니 한 꼭짓점에서의 외각의 크기는

$$360° - 90° \times 3 = 90°$$ 가 돼.

이제 정육면체의 외각의 크기의 합을 구해볼까? 정육
면체는 꼭짓점이 8개이므로 외각의 크기의 합은 $90° \times 8 = 720°$이지.

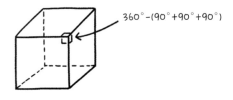

$$360° - (90° + 90° + 90°)$$

그러면 정육면체에서 한 꼭짓점을 잘라내어 생긴 7면체 도형의 외각의 크기의 합은 얼마일까? 쉽게 이해하기 위해 잘린 단면이 정삼각형을 이룬다고 하자. 단면이 잘림으로써 한 꼭짓점은 없어졌지만 대신 3개의 꼭짓점이 새로 생겼어.

잘린 단면인 정삼각형이니, 새로 생긴 각 꼭짓점의 외각의 크기는 $360° - (135° \times 2 + 60°) = 30°$이고, 그래서 새로 생긴 3개의 꼭짓점의 외각의 크기의 합은 $90°$야.

그런데 없어진 꼭짓점의 외각의 크기가 $90°$잖아. 즉 없어진 한 꼭짓점의 외각의 크기를 새로 생긴 3개의 꼭짓점이 나누어 가진 것이지.

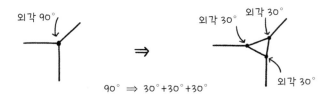

그러니 남아 있는 7면체 도형의 외각의 크기의 합은 원래의 정육면체와 같이 720°이지.

도형 일부를 잘라내도 외각의 크기의 합은 변하지 않네. 오호! 그러면 모든 다각형의 외각의 크기의 합은 360°이듯이, 모든 다면체의 외각의 크기의 합도 720°일까? 그렇다면 정말로 놀랍고 멋진 일인데.

수학 역사에서 이런 생각을 처음으로 하고 증명한 사람이 바로 데카르트야. 그는 몸이 약해서 늘 침대에 누워서 수학을 생각했다고 하네. 결국 위대한 수학자가 되었으니 참 대단한 사람이지?

오일러가 본 다면체의 관점

그런데 다면체의 외각의 크기의 합을 다른 측면에서 본 오일러라는 위대한 수학자가 있었어. 그는 다면체에서 꼭짓점의 개수를 v, 모서리의 개수를 e, 면의 개수를 f라 할 때 $v-e+f$의 값이 심오한 의미가 있다는 것을 밝혔지. 그래서 $v-e+f$의 값을 오일러 수Euler number라고 불러.

그럼 정사면체의 경우를 먼저 살펴볼까?

꼭짓점의 개수 v= 4, 모서리의 개수 e= 6, 면의 개수 f= 4이니,

$$v-e+f = 4-6+4 = 2$$

정육면체의 경우도 꼭짓점의 개수 v= 8, 모서리의 개수 e= 12, 면의 개수 f= 6이니

$$v-e+f = 8-12+6 = 2$$

앞에서 설명한 정육면체에서 한 꼭짓점을 잘라내어 생성된 7면체 도형도 꼭짓점의 개수 v= 10, 모서리의 개수 e= 15, 면의 개수 f= 7이니, $v-e+f = 10-15+7 = 2$.

도형의 일부를 잘라내도 $v-e+f$의 값은 역시 변하지 않고, 2네.

'모든 다면체의 $v-e+f$의 값을 늘 2일까'라는 추측을 처음으로 하고, 증명한 사람이 오일러야.

데카르트와 오일러는 같은 다면체를 각각 다른 관점으

로 보아 다른 사실들을 알아냈지.

데카르트의 관점: 외각의 크기 합은 항상 720°이다.

↑

다면체

⇓

오일러의 관점: $v-e+f$는 항상 2이다.

가우스가 본 다면체의 관점

여기에 극적으로 또 한 명의 사람이 등장하는데, 매우 어려운 가정환경인데도 불구하고 그것을 이겨내서 결국 역사상 가장 위대한 수학자라고 불리는 가우스야. 그는 다면체에 대하여 항상 성립하는 2개의 성질이 있다면, 그 2개의 성질은 본질적으로 같은 의미일 것이고, 그럼 그것들은 분명히 어떤 연관성이 있을 것이라고 생각했지.

그래 맞아,
내 별명 '거우스'는
이 위대한 수학자의 이름에서
따온 거야.

데카르트: 외각의 크기 합 720°

오일러: $v-e+f=2$

가우스의 관점: 데카르트의 관점과 오일러의 관점은 알고 보면 같은 의미가 아닐까?

이제 그가 생각한 수학적 연관성을 설명해볼게.

앞에서 각 꼭짓점에서의 외각의 크기는 각 꼭짓점에서 360° - (한 꼭짓점에 모인 다각형들의 그 점에서의 내각의 크기의 합)이고, 다면체의 외각의 크기의 합 = 각 꼭짓점에서의 외각의 크기의 합이라고 했지.

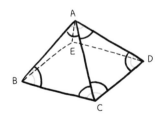

예를 들어 정사각뿔에서 외각의 크기를 모두 합해보자.
꼭짓점 A에서의 외각의 크기부터 꼭짓점 B, C, D, E에서

의 외각의 크기를 모두 더하면 아래와 같아.

$$360° - (60°+60°+60°+60°) + 360° - (60°+60°+90°)$$
$$+ 360° - (60°+60°+90°) + 360° - (60°+60°+90°)$$
$$+ 360° - (60°+60°+90°)$$

그런데 위의 식을 다시 한번 살펴보면,
'$360° - (60°+60°+60°+60°) + \cdots + 360° - (60°+60°$
$+90°)$은 $360° \times$정사각뿔의 꼭짓점의 갯수 $-$ (정사각뿔을
덮고 있는 면들의 내각의 크기의 합의 총합)'
이라는 것을 알 수 있어.

즉, 모든 꼭짓점마다 각 꼭짓점에 모인 다각형들의 그 점
에서의 내각의 크기의 합을 전부 더한다는 것은 결국, 다면
체를 덮고 있는 각각의 다각형의 내각의 크기의 합들을 모
두 더한 것이지.

이제 임의의 다면체를 생각하고 그 다면체의 꼭짓점의
개수를 v, 모서리의 개수를 e, 면의 개수를 f라고 하자. 그

리고 다면체를 덮고 있는 f개의 다각형의 이름을 $A_1, A_2, \cdots,$ A_f라 하고, A_1은 n_1각형, A_2은 n_2각형, $\cdots$, A_f은 n_f각형이라고 하자.

그러면
임의의 다면체의 외각의 크기의 합
= 각 꼭짓점에서의 외각의 크기의 합
= $360° \times v -$ (다면체를 덮고 있는 면들의 내각의 크기의 총합)
= $360° \times v -$ {(다각형 A_1의 내각의 크기의 합) + $\cdots$ +(다각형 A_f의 내각의 크기의 합)}.

그런데 A_1은 n_1각형, $\cdots$, A_f은 n_f각형이고, n각형의 내각의 크기의 합은 $(n-2) \times 180°$이니, 다음처럼 정리할 수 있어.
$360° \times v -$ {(다각형 A_1의 내각의 크기의 합) + $\cdots$ +(다각형 A_f의 내각의 크기의 합)

$= 360° \times v - \{(n_1-2) \times 180° + \cdots + (n_f-2) \times 180°\}$
$= 360° \times v - \{180° \times (n_1 + \cdots + n_f) - 360° \times f\}$
그런데 각 모서리는 2개의 면이 만나서 이루어지니 $(n_1 +$

$\cdots + n_f$)는 각 모서리를 두 번 센 수가 되지. 즉 $(n_1 + \cdots + n_f)$는 모서리의 개수의 2배인 $2e$가 돼.

예를 들어 앞의 모서리의 개수가 8인 정사각뿔에서,
$$n_1 + \cdots + n_5 = 3+3+3+3+4 = 16 = 2\times8 = 2\times e$$

그래서
$$360° \times v - \{180° \times (n_1 + \cdots + n_f) - 360° \times f\}$$
$$= 360° \times v - \{180° \times 2 \times e - 360° \times f\}$$
$$= 360° \times (v - e + f)$$
즉, 다면체의 외각의 크기의 합 $= 360° \times (v - e + f)$

결국 다면체의 외각의 크기의 합은 오일러의 수에 360°를 곱하면 나온다는 것이지.

정말로 놀랍지 않아? 다면체에서 각 꼭짓점의 외각 크기를 모두 더한 결과가 결국 점, 모서리, 면의 개수 사이의 관계에 달려 있다는 것이.
위대한 수학자 가우스도 이 관계를 진정으로 아름답다

고 했어.

　인간 세상에서 수학을 공부하는 목적은 시험을 잘 보는 것만이 아니야. 수학을 공부하면서 논리력, 추리력, 합리성 등을 자연스럽게 익히면 우리가 세상을 살면서 만나게 되는 문제들을 풀 때 적용하고 응용할 수 있는 힘을 얻게 돼. 더 나아가서는 이런 수학의 원리를 자연 현상이나 사회 현상에 적용해 사회를 더 발전시킬 수 있지. 이러한 효과를 '전이효과'라고 해. 이처럼 적용하고 발전시키는 인간의 능력이 놀랍지?

　다시 수학으로 돌아가서, 정육면체, 정사면체 및 정육면체에서 한 부분을 잘라내고 남은 7면체 도형의 경우 모두 $v-e+f = 2$이니, 그 도형들의 외각의 크기의 합이 모두 $360° \times (v-e+f) = 360° \times 2 = 720°$가 되는 거였어.
　그래서 '모든 다면체의 외각의 크기의 합은 720°일까?'라는 데카르트의 문제는 신기하게도 결국 '모든 다면체의 $v-e+f$가 2일까?'라는 오일러의 문제로 귀착되었어.
　이와 같은 현상은 평면도형에서도 있어. 수학적으로 증

명하는 과정도 거의 유사해.

평면도형 외각의 크기의 합 = 360°× $(v - e + f)$

보통 평면도형에서는 모서리를 '변'이라고 하지.

예를 들어 삼각형의 경우, 꼭짓점의 개수 v= 3, 변의 개수 e= 3, 면의 개수 f= 1이니, $v - e + f$= 1,

사각형의 경우도 v= 4, e= 4, f= 1 이니, $v - e + f$= 1.

모든 다각형에서 $v - e + f$는 변의 개수와 관계없이 항상 1이야. 그래서 다각형의 외각의 크기 합도 변의 개수와 관계없이 항상 360°였던 거지!"

모든 다면체의 오일러 수는 항상 2일까

거우스 박사님은 도형들에게 이 설명이 쉽지 않으리라는 것을 알고 있었지만, 이 아름다운 이야기를 멈출 수가 없어서 계속 이야기를 이어갔어.

"조금 전의 이야기로 돌아가서, 모든 다면체의 $v - e + f$가 항상 2일까 하는 오일러의 문제를 생각해보자.

우선 다각형에서 두 꼭짓점을 이어서 1개의 변을 더하는 경우를 생각해보자. 이때 면도 하나 더 생기므로 오일러수 $v-e+f$는 1로 변하지 않고 일정하지. 예를 들어 아래 그림의 경우 사각형의 $v-e+f=$ 4-4+1= 1에서, 변이 1개 늘면 면도 하나 더 생기므로 오일러 수는 $v-e+f=$ 4-5+2= 1로 그 값이 변하지 않아.

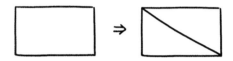

다각형 안에 한 점을 더하고, 그 점과 나머지 점을 잇는 경우도 1개의 점과 n개의 변, $(n-1)$개의 면이 더 생기므로 오일러수 $v-e+f$는 1로 역시 변하지 않고 일정해.

다음 그림 같은 경우에 사각형의 $v-e+f=$ 1에서 사각형 안에 한 점을 더하고 나머지 꼭짓점들과 잇는 경우 $v-e+f=$ 5-8+4= 1로 그 값이 변하지 않지.

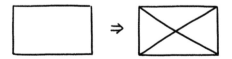

마찬가지로 변을 하나 빼는 경우나, 점을 하나 빼는 경우도 $v - e + f$는 일정해. 이런 식으로 점이나 변, 면 등은 더하거나 빼더라도 바뀐 도형의 오일러수 $v - e + f = 1$로 항상 일정해. 그래서 꼭짓점, 변, 면으로 이루어진 평면도형의 오일러 수는 항상 1이야.

그런데 여기서 주의할 점은, 이 원리는 구멍이 없는 평면도형의 때에만 성립한다는 것이야. 만약에 구멍이 생기면 오일러 수 $v - e + f$가 변하게 돼. 아래 그림처럼 말이야!

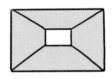

$v - e + f = 8 - 12 + 4 = 0$

이제 다음의 단계, 즉 다면체의 경우로 가기 위해서 상상의 나래를 펴야 해.

상상! 잘할 수 있겠지?

다면체의 표면이 신축성이 매우 좋은 고무 막으로 되어 있다고 해보자. 그리고 다면체의 한 밑면을 잘라냈다고 생각해볼까? 쉽게 상상하기 위하여 우선 사각뿔을 생각해볼까? 그런 다음 신축성 있는 옆면을 평면 위에 쫙 펼쳐놓으면 구멍이 없는 평면도형이 되겠지. 그럼 앞의 설명에 따라 이 평면도형의 오일러 수 $v - e + f = 1$가 되겠지.

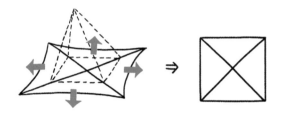

그런데 이 평면도형은 원래의 다면체에서 밑면을 잘라냈으므로, 꼭짓점, 변의 개수는 변함이 없고, 면의 개수만 원래의 다면체보다 1개 적지. 예를 들어 위의 그림에서, 왼쪽 사각뿔은 밑면과 옆면을 포함한 모든 면이 5개인데, 오른쪽 평면도형은 면이 4개밖에 안 되잖아. 그럼 면의 수 f가 1개 더 많은 원래의 다면체의 오일러 수 $v - e + f = 2$가 되지. 이와 같이 모든 다면체의 오일러 수는

$$v - e + f = 2$$

이제까지 얻은 결과들을 정리해보면

다각형의 외각의 크기의 합= $360° \times (v - e + f)$
다면체의 외각의 크기의 합= $360° \times (v - e + f)$

다각형의 오일러 수가 $v - e + f = 1$이므로 다각형의 외각의 크기의 합은 항상 $360°$이고, 다면체의 오일러 수는 $v - e + f = 2$이므로

다면체의 외각의 크기의 합은 늘 $720°$가 되지."

축구공 이야기

오각형

육각형

축구공을 오각형 12개, 육각형 20개의 면으로 이루어진 다면체로 볼 수 있는데, 한 꼭짓점에 모이는 모서리의 개수가 3개야.

축구공처럼 한 꼭짓점에 모이는 모서리의 개수가 3개이고, 오각형과 육각형의 면으로만 이루어진 다면체들에는 매우 재미있는 특징이 있어.

이제 한 꼭짓점에 모이는 모서리의 개수가 3개이고, 오각형과 육각형의 면으로만 이루어진 다면체의 꼭짓점의 개수를 v, 모서리의 개수를 e라고 하고, 오각형 면의 개수를 f_5, 육각형 면의 개수를 f_6라고 하자. 여기서 전체 면의 개수를 f라고 하면, $f = f_5 + f_6$이지.

우선 $f_5 \times 5 + f_6 \times 6$는 모서리의 개수의 2배이니,

$$f_5 \times 5 + f_6 \times 6 = 2e$$

한 꼭짓점에 모이는 모서리의 개수가 3이고, 각 모서리는 2개의 꼭짓점을 잇는 선분이니 $3v = 2e$. 즉,

$$3v = 2e = f_5 \times 5 + f_6 \times 6$$

여기서 $v = (f_5 \times 5 + f_6 \times 6) \times \frac{1}{3}$, $e = (f_5 \times 5 + f_6 \times 6) \times \frac{1}{2}$로 나타낼 수 있지.

모든 다면체의 $v - e + f = 2$이니까,

$$2 = v - e + f = (f_5 \times 5 + f_6 \times 6) \times \frac{1}{3} - (f_5 \times 5 + f_6 \times 6) \times \frac{1}{2}$$

$$+ f_5 + f_6 = \frac{1}{6} f_5$$

$$즉,\ f_5 = 12$$

그래서 한 꼭짓점에 모이는 모서리의 개수가 3개이고, 오각형과 육각형의 면으로 이루어진 다면체는 신기하게도 오각형의 개수가 반드시 12개가 되어야 해.

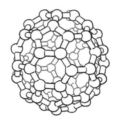

위의 그림과 같이, 축구공과 비슷하게 한 꼭짓점에 모이는 모서리의 개수가 3개이고, 오각형과 육각형의 면으로 이루어진 풀러렌 C70이란 화학구조가 있는데, 육각형의 개수가 25개라고 하네. 물론 오각형의 개수는 12지.

어때? 입체도형의 세계, 정말 멋지지?
이렇게 재미있고 신기한 입체도형들의 모험을
신나게 함께하다 보면
어느새 수학에 푹 빠지게 될거야!
기대해!

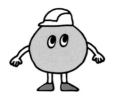

KI신서10308

이런 수학은 처음이야 3

1판 1쇄 인쇄 2022년 07월 01일
1판 5쇄 발행 2024년 09월 19일

지은이 최영기
펴낸이 김영곤
펴낸곳 ㈜북이십일 21세기북스

서가명강팀장 강지은 **서가명강팀** 강효원 서윤아
디자인 THIS-COVER
출판마케팅영업본부장 한충희
마케팅1팀 남정한
출판영업팀 최명열 김도연 김다운 권채영
제작팀 이영민 권경민

출판등록 2000년 5월 6일 제406-2003-061호
주소 (10881)경기도 파주시 회동길 201(문발동)
대표전화 031-955-2100 **팩스** 031-955-2151 **이메일** book21@book21.co.kr

(주)북이십일 경계를 허무는 콘텐츠 리더

21세기북스 채널에서 도서 정보와 다양한 영상자료, 이벤트를 만나세요!
페이스북 facebook.com/jiinpill21   포스트 post.naver.com/21c_editors
인스타그램 instagram.com/jiinpill21   홈페이지 www.book21.com
유튜브 youtube.com/book21pub

서울대 가지 않아도 들을 수 있는 명강의! 〈서가명강〉
유튜브, 네이버, 팟캐스트에서 '서가명강'을 검색해보세요!

ⓒ 최영기, 2022

ISBN 978-89-509-0618-4 03410